[口袋版]

崔玉涛
图解家庭育儿

· 直面小儿发热

· 崔玉涛 / 著

获得更多资讯，请关注：

科学家庭育儿微信公众账号

中国商品信息防伪验证中心

人民东方出版传媒
东方出版社
正品标识

电话查询：4006-276-315
网站查询：www.china3-15.com
短信查询：400800#防伪码至12114

刮涂层　输密码　查真伪

正版查验方式：

1. 刮开涂层，获取验证码；

2. 扫描标签上二维码，点击关注；

3. 查找菜单"正版查验"栏；

4. 输入验证码即可查询。

人民东方出版传媒
东方出版社

崔大夫寄语

从 2001 年起在《父母必读》杂志开办"崔玉涛医生诊室"专栏至今，在逐渐得到社会各界认可的同时，我也由一名单纯的儿科临床医生，逐渐成长为具有临床医生与社会工作者双重身份和责任的儿童工作者。我坚信，作为儿童工作者，就应有义务向全社会介绍自己的知识、工作经验和体会。

从 2006 年开办个人网站，到新浪博客之旅，又转战到微博，至今已连续1400 多天没有中断每日微博的发布，累计发布微博达 6100 多条，粉丝达到550 万。在微博内容得到众多网友的青睐之时，我深切感受到大家对更多育儿知识的渴求。微博虽然传播速度快，但内容碎片化，不能完整表达系统的育儿理念。于是，2015 年 2 月 5 日成立了"北京崔玉涛儿童健康管理中心有限公司"，很快推出了微信公众号"崔玉涛的育学园"和育儿 APP"育学园"，近期又在北京创立了第一家"崔玉涛育学园儿科诊所"。其目的就是全方位、立体关注儿童健康，传播科学育儿理念，为中国儿童健康服务。

为了能够把微博上碎片化的知识整理成较为系统的育儿理论，在东方出版社的鼎力帮助和支持下，经过一定的知识补充，以漫画和图解的形式呈现给了广大读者。这种活跃、简明、清晰的形式不仅是自己微博的纸质出版物，而且能将零散的微博融合升华成更加直观、全面、实用的育儿手册。本套图书共 10 本，一经面世就得到众多朋友的鼓励和肯定，进入到育儿畅销书行列。为此，我由衷感到高兴。这种幸福感必将鼓励我继续前行，为中国儿童健康事业而努力。

此次发行的版本，就是为了满足更多朋友的需要，希望将更多的育儿知识传播给需要的人们。我们一道共同了解更多育儿理念，才能营造出轻松、科学养育的氛围。我的医学育儿科普之旅刚刚启程，衷心希望更多医生、儿童健康工作者、有经验的父母加入进来，为孩子的健康撑起一片蓝天，铺就一条光明之路。

2016 年 9 月 18 日于北京

目录
contents

图解小儿发热

孩子的正常体温是多少 3

怎样给孩子测量体温才准确 7

人为什么会发热 9

怎样区分孩子正常的体温升高和发热ᅳ............... 11

发热的三种形式和热程 ᅳ...................................... 15

如何认识宝宝高热 17

宝宝发热有哪些利和弊 23

2

孩子发热病程中的正确监测和护理

如何做到发热时有效的物理降温........................29

为何我们推荐 38.5℃时就应服用退热药物.......35

服用退热药的三种途径...................................37

不要被退热药的药名弄糊涂............................41

选退热药，成分不同，用量也不同...................45

退热药，这么用效果好...................................47

热性惊厥的预防和处理...................................49

出现什么情况要带孩子去医院.........................57

3

发热后立刻带孩子看医生 63

发热后多次带孩子上医院检查 67

穿厚衣服盖厚被子发汗 73

担心退热药有副作用不给孩子服用 77

一着急就让医生给孩子输液 81

给孩子用抗生素退热 87

听信没有医学论证的偏方 91

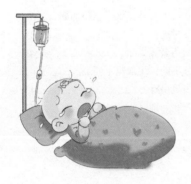

4 崔大夫发热门诊问答

为什么孩子容易出现 38.5℃以上的高热............ 95

孩子体温高是不是代表病情严重....................... 97

孩子高热会烧出肺炎或大脑炎吗....................... 99

发热带孩子到医院究竟查什么........................... 101

孩子为何久热不退... 105

孩子着凉与发热有关吗....................................... 111

用酒精擦身体降温是否科学............................... 113

服用退热药的常见问题....................................... 115

宝宝经常发热是免疫力太差吗........................... 121

宝宝发热可以喝葡萄糖水吗............................... 123

什么情况下才能使用抗生素............................... 127

孩子体温经常是 38℃怎么办............................. 129

吃上退热药钻进被窝捂出一身汗的方法科学吗... 133

如何预防襁褓中的小婴儿感冒........................... 135

上幼儿园的孩子如何预防感冒........................... 139

宝宝的头总是发烫，会不会有问题................... 143

春季气温变化快，如何给孩子穿衣................... 145

孩子爱出汗如何护理... 149

1 图解小儿发热

人体正常体温的维持

产热过程——摄入的营养物质不断地生物氧化，释放能量的过程

营养物质

生物氧化

释放能量

散热过程——代谢所产生的热量不断从人体发散到外界的过程

保持动态平衡，维持体温相对稳定

孩子的正常体温是多少

当你亲吻或触摸孩子的前额时，如果感到比较热，就说明孩子可能发热了。从医学角度讲，虽然每个孩子的基础体温不同，一般来说，正常体温可波动于 35.5℃ ~37.5℃之间，但是超过 37.5℃就应该认为孩子发热了。但并不是说孩子体温超过 37℃就一定是发热，由于每个人的基础体温不同，有些人基础体温为 35℃，有些人基础体温为 37℃，甚至达到 37.3℃。

我们常说一岁以内的婴儿体温在 37.5℃以下都属正常。原因是婴儿大脑内控制体温调节的中枢发育尚未成熟，也就是控制体温能力不够强，致使婴儿的体温会受到环境温度的影响。天气炎热或包裹过多，体温会轻度升高，但不应超过 37.5℃。天气寒冷或在温度较低的空调房间，孩子的体温可降至 36℃或更低一些。

而且，每个人一天之内的体温会随着身体和生活状况而改变。进食、活动后体温会有轻度升高，且活动量与体温升高呈正相关。为了了解孩子本身的体温状况，建议测量基础体温。基础体温指的是清晨睡醒、还未起床活动前的体温。此时人体代谢最低，所以体温也相对最低。对孩子而言，了解基础体温是很有用的。

人体正常体温的维持

产热过程

安静状态时，肝产热占总产热20%～30%，骨骼肌占25%，脑占15%。

体力劳动和运动时，骨骼肌产热量剧增，可占总产热量的75%～80%。
骨骼肌有巨大的产热能力，在维持体温的相对稳定中具有重要意义。

散热过程 皮肤、呼吸、排便

1.直接散热

辐射散热
——以热射线形式将热量直接向外界放射。
对流散热
——热量被体表周围冷空气带走传导散热。
——热量直接传给与人体接触的较冷物体。

2.蒸发散热 （水分蒸发要吸收热量）

无感蒸发——常温下无明显发汗，皮肤表面仍不断有水分从角质层渗出而蒸发。
有感发热——环境温度上升到28℃～30℃或以上时，辐射、对流等直接散热大为降低，而排汗增加（皮肤散热的主要方式）。
当环境温度上升到等于或超过体温时，蒸发散热就成了皮肤散热的唯一方式。

对婴幼儿来说，37.5℃以下属于发热吗？

真的很难说。原因是每个婴幼儿基础体温不同。由于婴幼儿代谢快，体温会比成人偏高，基础体温可为 36℃~ 37.5℃。对新生儿来说，体温不超过 37.5℃都是正常的。由于新生儿包括大脑在内的脏器功能不成熟，自身控制体温能力有限，稍微包裹多一些，体温会升高，有时可达 38℃。体温"稍高"与基础体温相比才有意义。

所以，平时家长应该了解孩子的基础体温（安静状态下的体温），年龄越小，基础体温越相对偏高。

崔大夫，孩子体温37.5℃是发热吗？

平时提及的体温，指的是体表温度。为能较准确反映体内温度，通常测量体表腔温度，当体温＞38.5℃，应服退热药物。

测量体温要注意以下几个方面：

1. 测量部位是否形成了密闭的小空间。比如：是否夹紧腋窝、耳温枪是否将外耳道全部封闭等。只有形成了局部密闭的小空间，测量体温才有准确的基础。

2. 安全性。水银温度计存在潜在风险。

3. 快速性。耳温枪式温度计测量最快。

在家庭中最为简易的方式还是使用耳温枪式温度计：

测量前，家长轻轻向外拉直孩子的耳廓，将耳温枪全部阻塞外耳道，再开启测量。如果测量温度超过38.5℃，就要给孩子降温。

怎样给孩子测量体温才准确

平时提及的体温，指的是体表温度。为能较准确反映体内温度，通常测量体表腔温度，可通过外耳道或腋窝测温。当体温 >38.5℃，应服退热药物。

有时会测量口腔内、肛门内温度。这些部位温度更接近体内温度。体内温度稍高于体表温度，所以口温或肛温超过 39℃需要服用退热药物。

孩子发热时，家长不要太纠结哪种体温计更加准确。实际上，测量方式决定体温计的准确程度。若测定腋温，腋窝必须形成封闭的小空间，将体温计置于小空间内才可获得准确体温。若使用耳温计，探头必须将外耳道完全封闭，才能获得准确耳温。肛温测定较为准确，是因为密闭性好，但不方便常规家中使用。

根据婴幼儿的特点，兼顾快速、准确、安全等因素，建议在家庭中使用最为简易的耳温枪式温度计。测量前，家长轻轻向外拉直孩子的耳廓，将耳温枪全部阻塞外耳道，再开启测量。如果测量温度超过 38.5℃，就要给孩子服用退热药物。

发病机制示意图

发热激活物 ┄┄▶ 下丘脑体温调节中枢

当病菌侵犯人体后，人体会动用一些防御机制，发烧就是最为主要的一项。下丘脑的体温调节中枢通过上调控制体温的水平，导致发烧。

体温↑ ◀ 皮肤血管收缩，散热↓ ◀ 体温调定点↑

◀ 寒战，产热↑

发热是人体对抗病原菌的生理抵抗过程，对人体起到保护作用。引起发热的原因很多，比如：呼吸道疾病，感冒、扁桃体炎、肺炎等；消化道疾病，急性胃肠炎、腹泻等；出疹性疾病，幼儿急疹、水痘等。

重要的是，要在医生指导下，寻找发热原因；同时将体温控制于38.5℃以下，避免高热惊厥。

人为什么会发热

发热是位于大脑下丘脑的体温调节中枢上调所致。虽然一天内正常人体的体温会有少许波动，但是下丘脑的体温调节中枢会通过增加机体的散热或产热将正常人体温调控于 37℃左右。

当病菌（包括预防接种的疫苗在内）侵犯人体后，人体为了对抗病菌的侵袭，会动用一些防御机制，比如具有杀菌作用的白细胞、淋巴细胞等。动用人体防御机制的启动信号中，发热就是最为主要的一项。下丘脑的体温调节中枢通过上调控制体温的水平，导致发热。

发热是人体对抗病原菌的生理抵抗过程，对人体起到保护作用。对待发热，不应仅关注于体温。引起发热的原因很多，比如呼吸道疾病，感冒、扁桃体炎、肺炎等；消化道疾病，急性胃肠炎、腹泻等；出疹性疾病，幼儿急疹、水痘等。这些都可能引起发热，重要的是，要在医生指导下，寻找发热原因，正确对待。同时将体温控制于 38.5℃以下，避免热性惊厥。

孩子的体温易于波动。感染、环境以及运动等多方面因素都可使孩子的体温发生变化。孩子体温的升高不一定就是发热。若有短暂的体温波动，但全身状况良好，又没有其他异常表现，家长就不应认为孩子在发烧。

就像我们大人在运动后体温会有所升高一样，小儿哭闹、吃奶等正常生理活动后，体温也会升高。一般情况下，体温不会升得太高，多在37.5℃～38℃之间。由于哭闹、吃奶等正常生理活动导致的体温升高，在这些活动结束后会很快恢复到正常水平。

运动　哭闹　吃奶

正常人体温，一般腋窝温度为36℃～37.4℃。体温超过37.5℃定为发烧。

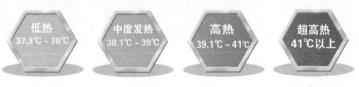

低热
37.3℃～38℃

中度发热
38.1℃～39℃

高热
39.1℃～41℃

超高热
41℃以上

怎样区分孩子正常的体温升高和发热

正常的体温升高

孩子的体温易于波动。感染、环境以及运动等多方面因素都可使孩子的体温发生变化。孩子体温的升高不一定就是异常，也就是说，体温的升高不一定就是发热。若有短暂的体温波动，但全身状况良好，又没有其他异常表现，家长就不应认为孩子在发热。

其实，就像我们大人在运动后体温会有所升高一样，小儿哭闹、吃奶等正常生理活动后，体温也会升高。一般情况下，体温不会升得太高，多在37.5℃~38℃之间。体温升高是由于哭闹、吃奶等正常生理活动导致肌肉产生了更多的热量。这些原因导致的体温升高，在这些生理活动结束后会很快恢复到正常水平。也就是说，不能只将体温作为确定异常的指标。遇到这些情况时，家长可继续观察孩子体温的变化，一般不需做任何处理。

正常人体温在一定的范围内波动：一般腋窝温度为36℃~37.4℃。

体温超过37.5℃定为发热。进一步划分为：37.3℃~38℃为低度发热；38.1℃~39℃为中度发热；39.1℃~41℃为高热；超过41℃为超高热。

体温异常升高与哭闹后造成的体温升高是不同的。发热时不仅体温增高，还会同时存在因疾病引起的其他异常表现，例如面色苍白、呼吸加速、情绪不稳定、恶心呕吐、腹泻、皮疹等。

| 面色苍白 | 呼吸加速 | 情绪不稳定 | 恶心呕吐 | 腹泻 | 皮疹 |

由于小儿个体差异和导致疾病原因的不同，发热的表现和过程存在很大的差别。比如同样是肺炎，有的孩子发热不高，有的孩子高热达39℃～40℃。

又比如上呼吸道感染的发热可持续2～3天，而败血症可持续数周。发热的起病有急有缓，有的先有寒战继之发热，有的发热很高但四肢及额头发凉。所以，用手触摸四肢及额头很难察觉发热，而触摸胸腹部就会感觉到小儿发热。

怎样才算发烧，确实是一个十分复杂的问题。除了量体温外，还要仔细观察孩子的各种表现。一方面可以做到心中有数，另一方面可以为医生提供较可靠的信息。

异常的体温升高（发热）

体温异常升高也就是发热，与哭闹后造成的体温升高是不同的。发热时不仅体温增高，还同时存在因疾病引起的其他异常表现，例如面色苍白、呼吸加速、情绪不稳定、恶心呕吐、腹泻、皮疹等。由于小儿个体差异和导致疾病原因的不同，发热的表现和过程存在很大的差别。比如同样是肺炎，有的孩子发热不高，有的孩子高热达 39℃~ 40℃；又比如上呼吸道感染的发热可持续 2～3 天，而败血症可持续数周。发热的起病有急有缓，有的先有寒战继之发热，有的发热很高但四肢及额头发凉。所以，用手触摸四肢及额头很难察觉发热，而触摸胸腹部就会感觉到小儿发热。

怎样才算发热，确实是一个十分复杂的问题。除了量体温外，还要仔细观察孩子的各种表现。一方面可以做到心中有数，另一方面可以为医生提供较可靠的信息。

平时仔细观察孩子的各种表现，可为就医提供可靠信息。

发热的时相

发热上升期
产热↑、散热↓、产热>散热，体温上升

高热持续期
产热和散热在较高水平上波动

发热下降期
散热↑、产热↓、产热<散热，体温回降

热程

 急性发热 病程在2周以内，可分为急性感染性发热、急性非感染性发热以及原因不明的急性发热等。

 长期发热 指体温升高持续2~3周以上，包括病因明确的慢性发热与长期不明原因发热。

发热的三种形式和热程

根据发热的特点，可以把发热分为发热上升期、高热持续期和发热下降期。

在发热上升期，体内产热增加，散热减少，产热大于散热，体温迅速或逐渐上升。当体温上升到与新的体温调定点水平相适应的高度后，产热和散热就会波动于较高的水平上，称为高热持续期。因发热激活物在体内被控制或消失，上升的体温调定点回降到正常水平。由于调定点水平低于发热时的体温，故从下丘脑发出降温指令，不仅引起皮肤血管舒张，还可引起大量出汗，称为发热下降期。

根据热程，发热可分为急性发热和长期发热。急性发热的病程在2周以内，有急性感染性发热、急性非感染性发热以及原因不明的急性发热等。长期发热指体温升高持续2~3周以上，包括病因明确的慢性发热与长期不明原因的发热。家长了解这些才能对孩子的症状做到心中有数。

高热，是疾病，特别是感染性疾病的常见表现。
要从两方面认识高热：

高热可引起心率增快、呼吸急促、寒战和四肢冰凉等。

心率增快　　呼吸急促　　寒战、四肢冰凉

高热的原因，常为呼吸道或消化道感染，常见病原为病毒。

不要以高热的程度判断疾病的轻重，而应以呼吸道或消化道症状的轻重进行病情的初步判断。

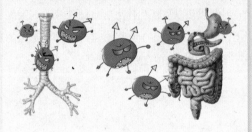

无论孩子手脚是否冰凉，只要体温超过38.5℃，就应给孩子服用退热药物。这里提及的体温，是人体内的温度。所以，以通过耳腔内、腋下、口腔、肛门直肠等部位测及的温度为基准。

对乙酰氨基酚

如何认识宝宝高热

高热，是疾病，特别是感染性疾病的常见表现。要从两方面认识高热：

1. 高热本身可引起心率增快、呼吸急促、寒战和四肢冰凉等，这些为人体对待发热的正常反应，体温下降后上述情况好转。

2. 寻找高热的原因。常为呼吸道或消化道感染，常见病原为病毒。不要以高热的程度判断疾病的轻重，而应以呼吸道或消化道症状的轻重进行病情的初步判断。高热时寻找病因，采用对因治疗。一般感染时，高热会持续 3~5 天。

高热时，手脚这些人体远端部位出现冰凉，是人体在发热时的正常反应。无论手脚是否冰凉，只要体温超过 38.5℃，就应给孩子服用退热药物。这里提及的体温，是人体内的温度，不是肢体末端的温度。所以，以通过耳腔内、腋下、口腔、肛门直肠等部位测及的温度为基准。

体温这么高，发热了，赶紧给孩子吃退烧药！

孩子发热了，不过发热可以刺激免疫系统成熟，那就不吃退烧药了。

孩子发热没到38.5℃时进行合理的物理降温。

发热到38.5℃时给孩子服用合理剂量的退热药物。

为了增加退热药的效果，一定要鼓励孩子多饮水，这样才可以利于皮肤散热、增加排尿等，以达控制体温的效果。

"对乙酰氨基酚"和"布洛芬"，常用的剂型为口服糖浆式液体。有些孩子不接受口服滴剂或混悬液，可以考虑使用"对乙酰氨基酚"栓剂。栓剂起效时间与口服剂型一样，可维持3～4小时。

由于一般感染所致高热可达3～5天，此间会反复服用退热药物。为了减少退热药物的副作用，可以"对乙酰氨基酚"和"布洛芬"两类退热药物交替使用。

对乙酰氨基酚
↑↓
布洛芬

高热是婴幼儿最常见的秋冬季症状，往往最早出现，可伴有腹泻、咳嗽等。高热时，体内产热大于散热，体内消耗增加，对婴幼儿可能造成惊厥，所以对于高热，不论是何原因所致，都要考虑退热问题。

当体温超过38.5℃时，应接受退热药物治疗，比如"对乙酰氨基酚"或"布洛芬"。目的是避免热性惊厥和减少高热引起的体内消耗。体温小于38.5℃可激活免疫系统，利于控制感染。

服用退热药，一般只能在4～6小时内控制高热。为了增加退热药的效果，一定要鼓励孩子多饮水，这样才可以利于皮肤散热、增加排尿等，以达控制体温的效果。

由于一般感染所致高热可达3～5天，此间会反复服用退热药物。为了减少退热药物的副作用，可以"对乙酰氨基酚"和"布洛芬"两类退热药物交替使用。

现在婴幼儿高热时常推荐的退热药物，包括"对乙酰氨基酚"和"布洛芬"。常用的剂型为口服滴剂糖浆或混悬液。有些孩子发热时，不接受口服糖浆式液体，可以考虑使用"对乙酰氨基酚"栓剂。由于栓剂也是"对乙酰氨基酚"，起效时间与口服剂型一样，可维持3～4小时。

退热药只是将大脑内体温中枢的体温调定点下移，增加散热。散热需通过皮肤水分蒸发、排尿等生理过程完成。若体内水分不足，体温下降幅度则小。

对于高热婴幼儿，在服用退热药的同时，必须增加水分的摄入，否则退热效果会越来越不显著。

对于进水非常困难，同时高热很难控制的婴幼儿，可考虑静脉输液。但不一定要输抗生素。

出现高热，待病情好转后，退烧有两种形式：一种是体温逐渐降低，发烧间隔时间逐渐拉长；

一种是体温还是高热，只是间隔时间逐渐拉长。体温降低或间隔拉长，只意味病情开始好转。只有体温持续低于37.5℃，才算进入恢复期。

退热药只是将大脑内体温中枢的体温调定点下移，增加散热。散热需通过皮肤水分蒸发、排尿等生理过程完成。若体内水分不足，体温下降幅度则小。也就是大家常说的退热药效果不好的原因之一。所以，对于高热婴幼儿，在服用退热药的同时，必须增加水分的摄入，否则退热效果会越来越不显著。

由于发热经常是由上呼吸道感染所致，孩子进水比较困难，家长必须有耐心。如果孩子进水非常困难，同时高热很难控制时，可考虑静脉输液，但不一定是抗生素。

出现高热，待病情好转后，退热有两种形式：一种是体温逐渐降低，发热间隔时间逐渐拉长；一种是体温还是高热，只是间隔时间逐渐拉长。体温降低或间隔拉长，只意味病情开始好转。只有体温恢复正常（体温持续小于37.5℃），才算进入恢复期。

发热：保护人体健康的卫士

发热是许多疾病初期的一种防御反应，可增强机体的抗感染能力。从而抵抗一些致病微生物对人体的侵袭，促进人体恢复健康。

1. 产生对抗细菌的抗体；

2. 增强人体白细胞内消除毒素的酶活力；

3. 增强肝脏对毒素的解毒作用。

高热：毁坏人体健康的蛀虫

发热当然也会损害人体健康，特别是高热持续过久，会造成人体内各器官、组织的调节功能失常。

1. 高热会使大脑皮层处于过度兴奋或高度抑制状态。婴幼儿表现更为突出。
大脑皮层过度兴奋：烦躁不安、头痛甚至惊厥；
大脑皮层高度抑制：谵语、昏睡、昏迷等。

2. 影响人体消化功能。
胃肠道运动缓慢：食欲不振、腹胀、便秘；
胃肠道运动增强：腹泻甚至脱水。

3. 使人体摄入的各种营养物质的代谢增强、增快，加大了机体对氧的消耗，加重人体内器官的"工作量"。

4. 持续高热最终导致人体防御疾病的能力下降，增加了继发其他感染的危险。

宝宝发热有哪些利和弊

几乎所有的家长都很担心孩子发热，所以退热剂自然成为家中的常备药。感觉孩子有点发热就立即用退热剂，恨不得一下子使孩子的体温降下来，那么发热真的那么可怕吗？到底发热有哪些利弊呢？

发热是保护人体健康的卫士。目前医学研究证实，发热是许多疾病初期的一种防御反应，可增强机体的抗感染能力。从而抵抗一些致病微生物对人体的侵袭，促进人体恢复健康。发热能够产生对抗细菌的抗体；增强人体白细胞内消除毒素的酶活力；增强肝脏对毒素的解毒作用。

发热当然也会损害人体健康，特别是高热持续过久，会造成人体内各器官、组织的调节功能失常。高热会使大脑皮层处于过度兴奋或高度抑制状态，婴幼儿表现更为突出。婴儿大脑皮层过度兴奋，会出现烦躁不安、头痛甚至惊厥；大脑皮层高度抑制，会出现谵语、昏睡、昏迷等。并且还会影响人体消化功能，导致胃肠道运动缓慢，出现食欲缺乏、腹胀、便秘等症状；或让胃肠道运动增强，造成腹泻甚至脱水。高热还会使人体摄入的各种营养物质的代谢增强、增快，加大机体对氧的消耗，加重人体内器官的"工作量"。持续高热最终导致人体防御疾病的能力下降，增加了继发其他感染的危险。

孩子发热是坏事吗？从孩子不舒服上讲，发热不是好事。但事实上，发热也是件好事！发热可以动用人体免疫功能，尽可能并尽快消灭侵犯人体导致发热的病菌，促进免疫系统的成熟。如体温尽快控制在 37℃ 以下，发热刺激免疫

孩子发热了，怎样才能快速降温？

其实发热也有好处，发热可以动用人体免疫功能，促进免疫系统的成熟。如果体温快速降至37℃以下，发热刺激免疫系统的作用就会消失。

那我家孩子现在发热就不用看病了吗？

持续高热最终会导致人体防御疾病的能力下降，增加了继发其他感染的危险。

1

2

出现发烧，应保持体温在37.5℃～38.5℃，千万不要将体温降至过低。针对高热可引起惊厥而言，体温超过38.5℃，应服退热药；对提高免疫力而言，体温应保持在37.5℃～38℃之间。

在孩子发热期间，仔细为他测量体温，密切监测体温的变化，超过38.5℃时再选择退热药物。同时仔细观察孩子的脸色是否苍白，呼吸是否增快，有无恶心、呕吐、腹泻，有无神志的改变，以及有无惊厥的发生。

3

4

系统的作用就会消失。

既然出现发热，就要尽可能减少不适感，在多饮水、保持体温不超过38.5℃、保证排尿排便等的同时，保持体温在37.5℃~38.5℃，促进免疫系统成熟。千万不要将体温降至过低。

针对高热可引起惊厥而言，体温超过38.5℃，应服退热药；对提高免疫力而言，体温应保持在37.5℃~38℃之间。降温效果不是以正常体温作为标准。

了解了这些，你就可以知道高热时孩子会出现哪些异常表现，然后根据这些表现给予适当的护理，而不致惊惶失措。在孩子发热期间，仔细为他测量体温，密切监测体温的程度和变化，出现高热时（超过38.5℃）再选择退热药物。同时仔细观察孩子的脸色是否苍白，呼吸是否增快，有无恶心、呕吐、腹泻，有无神志的改变，以及有无惊厥的发生。若出现上述情况，就要立即送往医院。

宝宝低烧，每天都是早上起来的时候，有点发热，但喝了水，或者过几个小时，又不烧了，去医院验血没事。一直持续这种状态，是怎么回事？

对于发热首先必须知道具体的体温，不是感觉发热。对于婴幼儿体温低于37.5度不属于发热。由于婴幼儿大脑体温调节中枢发育不成熟，也就是调节体温能力有限，很可能出现随着环境温度升高而体温略升高的现象。只要婴儿没有任何不适症状，体温自行调节自如，不应与疾病有关，家长不必着急。

2 孩子发热病程中的正确监测和护理

退热原则

一、治疗原发病

二、物理降温

三、药物降温

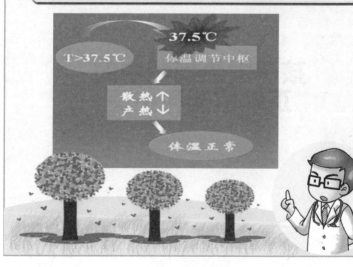

如何做到发热时有效的物理降温

发热本身不是一种疾病，是由于体内致热源刺激体温调节中枢导致体内产热增加、散热减少的一种现象。所以退热是以增加散热、减少产热为出发点。退热药是改变体温调节中枢的状况，减少产热，只做到退热的前提。真正退热的效果需要通过物理降温，增加体内散热来实现。

人体散热途径，也就是退热途径有四条：

1. 经皮肤蒸发水分散热是最主要途径，占90%以上。所以发热时不要给孩子穿得太多，应该少穿盖衣物。

2. 经呼吸散热。发热时呼吸会增快加深。

3. 经排尿过程散热。多喝水多排尿。

4. 经排便过程。

所以，遇到孩子发热要从这四方面帮助孩子进行物理退热。

如何做到发热时有效的物理降温呢？首先尽可能保证婴儿液体摄入。退热过程主要是通过皮肤蒸发水分实现。若体内水分不足，退热效果受限。再有，在适当提高室温的前提下，尽可能减少穿盖衣物利于皮肤散热。还有，洗温水澡、温热毛巾湿敷也是很好的物理降温方法。冰袋或冰贴也会有一定的效果。

人体散热途径

1. 皮肤蒸发水分散热（最主要的途径）　2. 经呼吸散热　3. 经排尿过程散热(多喝水多排尿)　4. 经排便过程

　　物理降温有两大形式——冷降温和温降温。通过冰贴或冰袋，导致局部皮肤降温为冷降温，不过退热效果有限。虽可感到皮肤变凉，但体内温度未必降低。变凉的皮肤血管收缩，反而会妨碍体内热量散出。温降温是在提高环境温度前提下，用温热毛巾敷身体、洗温水澡等致皮肤血管扩张，有利于体内热量散出。

　　正确看待物理降温，维持体温需体内产热和散热的平衡。发热是产热增加和／或散热减少的结果。要退热，增加散热很重要。皮肤散热是主要散热途径，增加皮肤血流就可加快散热。在多饮水前提下，适当提高室温减少穿盖衣物、洗温水浴都是很好的方法；而冰袋、酒精擦浴只带走局部皮肤热量，退热效果有限。

　　退热效果不好的主要原因是体内水分不足。婴幼儿生病时多不喜喝水或奶，家长一定要耐心少量多次喂养，以增加体内水分，利于退热，否则服了退热药也达不到预期效果。再有，排尿和排便过程都可利于降温。总之，**退热的捷径不是从药物（退热药、抗生素等）出发，而是增加体内水分和采用适宜的物理降温。**

物理降温

冷降温

通过冰贴或冰袋，导致局部皮肤降温为冷降温，
虽可感到皮肤变凉，但退热效果有限。

温降温

在提高环境温度前提下，用温热毛巾敷身体、洗温水澡等可致皮肤血管扩张，利于体内热量散出。

服用退热药后，因为药物吸收需一定时间，此间体温还可能继续上升。

孩子发热到38.5℃，书上说39℃才应该退烧，我是现在就给孩子吃药还是到39℃再给孩子吃药？

孩子发热到38.5℃就应服用退热药物。

除了体温指征外，还要考虑体温上升速度。

若体温上升很快，就应服退热药物

若缓慢上升，可观察，辅以物理降温

发烧不会烧坏孩子，退烧的目的是为了避免热性惊厥和降低体内过多的消耗。低烧有助于动用免疫系统，并促进免疫系统成熟。所以，体温超过38.5℃（不管哪种测量方式）再服用退热药物即可。

明白了。

为何我们推荐 38.5℃时就应服用退热药物

有资料显示人体体温达到 39℃时应该退热，为何我们推荐 38.5℃时就应服用退热药物呢？

因为体温达到 38.5℃时并不意味着是最高温度，很多时候体温还会继续上升。而药物吸收需要一定时间，在这段时间内体温还可能继续上升。当体温达到 38.5℃时服用退热药后至少需数分钟或更长时间才会起效。退热药物起效时正好温度是 39℃左右。否则，过高温度有可能导致热性惊厥。服用退热药后，体温降至 38℃以下即可，因为低热可以刺激免疫系统成熟。常用退热药服用适宜剂量是很安全的。

虽然每个人的基础体温不同，但体温增高到同一水平所代表的意义却基本相同。发热不会烧坏孩子，退热的目的是为了避免热性惊厥和降低体内过多的消耗。而且低烧有助于动用免疫系统，并促进免疫系统成熟。所以，体温超过 38.5℃（不管哪种测量方式）再服用退热药物即可。

此外，使用退热药物，除了体温指征外，还要考虑体温上升速度。很多家长纠结当体温在 38℃~ 38.5℃间时是否应服退热药？若体温上升很快，就应服退热药物；若缓慢上升，可观察，辅以物理降温。再有，不要纠结哪种测量体温方式准确。只要测量方式得当，都有意义。

退热药的使用途径

1 ✓

传统的口服途径，
是经常推荐的途径

2 ✓

经肛门直肠使用栓剂。
对于呕吐或对口服药物
极力拒抗的婴幼儿可以
使用

3 ⊗

肌肉或静脉注射，是目
前不推荐的途径

不论是口服还是直肠肛门用药，
都会通过胃肠黏膜进入血液起
作用，它们对肝肾的负担一样。

服用退热药的三种途径

退热药的使用途径有三种：

1. 传统的口服途径，是经常推荐的途径。

2. 经肛门直肠使用栓剂。对于呕吐或对口服药物极力抗拒的婴幼儿可以使用。

3. 肌肉或静脉注射，是目前不推荐的途径。

不论是口服还是直肠肛门用药，都会通过胃肠黏膜进入血液起作用，它们对肝肾的负担一样。

发热是由于体内致热源刺激体温调节中枢导致体内产热增加、散热减少的现象，而退热药的目的是改变体温调节中枢的状况、减少产热。给发热儿童服用退热药主要是为了避免高热导致的惊厥，并可降低高热引起的高代谢状态。

当孩子发热，特别是体温超过 38.5℃时，服用退热药物。药物的作用就是强迫人体增加散热。散热过程主要依赖皮肤排汗过程完成。如果孩子摄入量不足，体内水分欠缺，即使服用了退热药物也达不到预期的退热效果。这就是为何有些发热的孩子服用退热药物的效果越来越差的原因。

另外，很多家长都感觉到静脉注射可以退热，于是大家认为输液是退热的良策。其实，静脉输液能够退热并不是其中输入的抗生素所致，而是输注的液体所致。退热需要人体通过皮肤蒸发水分才能实现。由于发热的孩子水摄入量相对不足，静脉输液增加了体内水量。其实，多饮水也是同样效果。

保证液体入量

发热不是很严重时，可以采用物理散热的方式让皮肤散热。

药物的作用就是强迫人体增加散热。散热过程主要依赖皮肤排汗过程完成。

静脉输液退热不是其中输入的抗生素所致，而是输注的液体所致。退热需要人体通过皮肤蒸发水分才能实现。

不论是服退热药，还是物理降温，最终退热都要经皮肤发汗、呼吸、排尿、排便等生理过程而实现，其中经皮肤散热是最主要途径。发热时多饮水或奶等液体甚为重要。

不论是服退热药，还是物理降温，最终退热都要经皮肤发汗、呼吸、排尿、排便等生理过程来实现，其中经皮肤散热是最主要的途径。退热药只通过刺激人大脑中枢迫使体内增加散热。若体内水分不足，便不能有效散热。这就是为何发热几天，退热药"不灵"的原因。发热时多饮水或奶等液体甚为重要！

孩子发热时，不能以孩子的皮肤温度，特别不能以四肢温度判断发热的程度。发热时，由于人体需要保证重要脏器的血液供应，往往出现末梢血液相对减少的倾向，导致四肢冰凉。因此，家长一定要给孩子进行体温测定——耳温、腋温或肛温。通过体温判断发热的水平。根据体温测定值，决定退热药的服用。

"对乙酰氨基酚"和"布洛芬"可交替使用，控制高热。

药物成分名：对乙酰氨基酚或扑热息痛

有效退热时间为3～4小时

药物成分名：布洛芬

有效退热时间为6～8小时

最常给孩子选择的退热药是含"对乙酰氨基酚"的泰诺林

幼儿使用相对浓缩（100毫克/毫升）的滴剂

儿童使用相对稀释（32毫克/毫升）的糖浆

40

⬤　不要被退热药的药名弄糊涂

退热药不是以商品名区分的，而应该注意其成分。退热应该选择成分为"对乙酰氨基酚"和"布洛芬"的药物。

"对乙酰氨基酚"也称"扑热息痛"，它和"布洛芬"都是药物成分名；而"泰诺林"、"必理通"和"百服宁"是"对乙酰氨基酚"的商品名，"美林"是"布洛芬"的商品名。"对乙酰氨基酚"和"布洛芬"可交替使用，控制高热。但家长注意不要被商品名弄糊涂。

"对乙酰氨基酚"，比如泰诺林的有效退热时间为 3～4 小时；"布洛芬"，比如美林的有效退热时间为 6～8 小时。当孩子高热时，可使用两种退热药物交替，以减少药物副作用。服泰诺林后 3～4 小时，若体温再度超过 38.5℃，可服美林；若 6～8 小时后再度升高可服泰诺林，如此交替服用。

含有这两种成分的退热药物有各种剂型，覆盖从新生儿至成人。家长选择药物时，一定要注意剂型。就小孩来说，就有幼儿型和儿童型之分。每种剂型药物浓度不同，使用剂量也不同。孩子发热时，最好交替使用两种不同成分的药物，以避免同一药物使用过多可能带来的副作用。要注意使用足够的药物剂量，切忌给 12 岁以下儿童使用含阿司匹林的退热剂。

日常生活中，最常给孩子选择的退热药是含"对乙酰氨基酚"的泰诺林。儿童使用的泰诺林有两种剂型——幼儿使用的相对浓缩（100 毫克／毫升）的滴剂和儿童使用的相对稀释（32 毫克／毫升）的糖浆。家长在给孩子使用前，

小婴儿使用浓缩药物——滴剂　大孩子使用稀释——混悬液

根据婴儿体重选择

⦸ 半粒栓剂

○ 1粒栓剂

○○ 1.5粒栓剂

○○ 2粒栓剂

记住药名很重要，而且也不是很难的事，加油！

布洛芬

对乙酰氨基酚

先要注意药物浓度，再考虑剂量。注意：给小婴儿使用的是浓缩的，给大孩子使用的是稀释的。

最常给婴幼儿使用的退热栓剂为"对乙酰氨基酚"栓剂，剂量是150毫克。每公斤体重每次用量为10~15毫克。家长可根据婴儿体重选用半粒、1粒、1.5粒或2粒，可4小时重复一次。使用前可在栓剂外表涂少许润滑剂，比如橄榄油等。

因为西药的名词多是音译＋意译，所以名词非常拗口。但是为了自己的孩子，想尽办法要记住！如果药名记不住、剂量记不住，有可能影响孩子的治疗，一旦用错药或剂量就后悔莫及了。

而且，记住常见药名也不是很难的事情！加油！！！

对乙酰氨基酚#1				布洛芬#2			
婴幼儿体重	剂量	滴剂	混悬液	婴幼儿体重	剂量	滴剂	混悬液
4 kg	60mg	0.6ml	2ml	4 kg	40mg	1ml	2ml
6kg	90mg	0.9ml	3ml	6kg	60mg	1.5ml	3ml
8kg	120mg	1.2ml	4ml	8kg	80mg	2ml	4ml
10kg	150mg	1.5ml	5ml	10kg	100mg	2.5ml	5ml
12kg	180mg	1.8ml	6ml	12kg	120mg	3ml	6ml
14kg	210mg	2.1ml	6.5ml	14kg	140mg	3.5ml	7ml
16kg	240mg	2.4ml	7.5ml	16kg	160mg	4ml	8ml
18kg	270mg	2.7ml	8.5ml	18kg	180mg	4.5ml	9ml
20kg	300mg	3.0ml	9.5ml	20kg	200mg	5ml	10ml
22kg	330mg	3.3ml	10.5ml	22kg	220mg	5.5ml	11ml
24kg	360mg	3.6ml	11ml	24kg	240mg	6ml	12ml
26kg	390mg	3.9ml	12ml	26kg	260mg	6.5ml	13ml
28kg	420mg	4.2ml	13ml	28kg	280mg	7ml	14ml
30kg	450mg	4.5ml	14ml	30kg	300mg	7.5ml	15ml
32kg	480mg	4.8ml	15ml	32kg	320mg	8ml	16ml
34kg	510mg	5.1ml	16ml	34kg	340mg	8.5ml	17ml
36kg	540mg	5.4ml	17ml	36kg	360mg	9ml	18ml
38kg	570mg	5.7ml	18ml	38kg	380mg	9.5ml	19ml
40kg	600mg	6.0ml	19ml	40kg	400mg	10ml	20ml
42kg	630mg	6.3ml	20ml	42kg	420mg	10.5ml	21ml
44kg	660mg	6.6ml	21ml	44kg	440mg	11ml	22ml

选退热药，成分不同，用量也不同

在给孩子使用退热药之前，要先看清楚退热剂的成分。通常儿科医生推荐的婴幼儿退热剂主要有两种成分：对乙酰氨基酚和布洛芬，而含有阿司匹林的药物是不能给 12 岁以下的儿童服用的。那么，这两种成分的退热药有什么区别？怎么使用？在详细介绍使用方法之前，我们先通过上一页的表格来看看这两类药物的使用剂量。

#1 表格中推荐剂量可能高于药品说明书标示。所以，依据这个表格服用对乙酰氨基酚期间，如果未咨询医生，一定不要同时服用其他含对乙酰氨基酚的复方感冒药。对乙酰氨基酚的日常最大量为每 4 小时一次，每次 15mg/kg。（对应于泰诺林小儿滴剂为 100mg/ml，儿童混悬液为 32mg/ml。）如果孩子体重超过 44 千克，可参考成人剂量 1000mg/ 每剂，或 4000mg/ 日，连续服用不要超过 7 天。

#2 表格中推荐的剂量也可能高于药品说明书标示。同样的，依据此表服用布洛芬期间，如果未咨询医生，也不能同时服用其他含布洛芬的复方感冒药。布洛芬的日常最大量为每 6 小时一次，每次 10mg/kg。（对应于美林小儿滴剂为 40mg/ml，儿童混悬液为 20mg/ml。）孩子体重超过 44 千克，可参考成人剂量 600mg/ 每剂，或 2400mg/ 日，连续服用不要超过 7 天。

退热药使用注意事项

同时选择两种不同成分的药物，比如布洛芬和对乙酰氨基酚退热时，最好两种药物交替使用，以减少每种药物24小时内使用次数及其副作用。两种药物成分不同，对婴幼儿的副作用也不同。

使用对乙酰氨基酚后4小时可选择布洛芬，使用布洛芬后6小时可选择对乙酰氨基酚。如果退热效果不理想，前期使用药物剂量不足的可以将剂量补足，也可以选择另外一种退热药物。如果孩子出现热性惊厥，两种药物可以同时选用，而且每种药物剂量依然照旧。

服用一种药物后，如果出现呕吐，应该选择另外一种药物。

退热药，这么用效果好

1. 最好同时选择两种不同成分的药物，比如美林和泰诺林。

2. 给孩子退热时，最好两种药物交替使用。这样可以减少每种药物 24 小时内使用的次数，还能减少药物的副作用。这两种药物成分不同，对婴幼儿的副作用也不同。

3. 原则上，使用对乙酰氨基酚后 4 小时可选择布洛芬；使用布洛芬后 6 小时可选择对乙酰氨基酚。如果退热效果不理想，前期使用药物剂量不足的可以将剂量补足，也可以选择另外一种退热药物。如果孩子出现热性惊厥，两种药物可以同时选用，而且每种药物剂量依然照旧。

4. 服用一种药物如果出现呕吐，应该选择另外一种药物。

5. 如果孩子不能耐受口服药物，可选择直肠内使用的栓剂。

6. 即使药物选择正确，剂量也适当，但要想达到理想效果，还要让孩子摄入足够的液体，这样才能保证机体通过散热达到退热的效果。

7. 退热剂只是针对退热而言。引起发热的原因有很多，要咨询医生，选择适宜的对因治疗。

◆儿科医生推荐的婴幼儿退热剂主要有两种成分：对乙酰氨基酚和布洛芬。

◆给孩子退热时，最好两种药物交替使用。

◆要想达到理想效果，还要保证孩子摄入充足的液体，以达到散热、退热的效果。

孩子还是高热，但是发热间隔时间逐渐拉长了。

孩子体温逐渐降低，发热间隔时间逐渐拉长了。

体温降低或间隔拉长，只意味病情开始好转。只有体温恢复正常（体温持续低于37.5℃），才算进入恢复期。

热性惊厥的预防和处理

对待退热，不同家长的态度不同。有些从心理上不能接受孩子发热，当体温达 38℃ 即给孩子服用退热药。其实低热（<38.5℃）可以刺激免疫系统对抗引起发热的炎症。有些家长认为既然发热可以刺激免疫系统成熟，就没有必要服用退热药，但是别忽视高热有可能导致惊厥。对此，千万不要走两个极端。

孩子发热，确实给他们带来痛苦，给家长带来担忧，甚至恐慌。发热是人体对待感染等疾病的保护性症状，不是一种疾病。所以，发热时医生会通过检查确定原因。引起发热的常见原因是病毒，表现为呼吸道或消化道感染，如上感、轮状病毒性肠炎等。由病毒所致的感染通常致病期限在 5～7 天。

高热时，最主要的治疗是有效控制体温低于 38.5℃。包括物理和药物降温。不要因高热，就考虑用抗生素，抗生素不是退热剂。家庭内物理降温包括多饮水和液体食物、温湿敷或温水澡等；药物降温包括合理剂量和间隔时间使用"对乙酰氨基酚"和"布洛芬"退热药物。

热性惊厥是因体内温度急剧增高，造成大脑出现异常放电活动，出现突发的全身抽搐。发热是人对抗病原菌的生理抵抗过程，对人体起到保护作用。发热时，病原菌可刺激大脑内体温调节中枢，使体温调定点上移，致体内产热增多，散热减少，体温升高。体温超过 38.5℃，需用退热药物。发热不是疾病的原因，常为感染性疾病的表现。若出现中耳炎，可出现高热，即使控制了体温，而没控制中耳炎，就有可能导致听力损伤。所以，发热时，不要仅纠结于

高热反应

心率增快　　　　呼吸急促　　　　寒战、四肢冰凉

如果发烧时孩子玩耍自如，吃喝正常，交流如前，皮肤红润，都说明孩子的病情并不严重，家长可以在家观察孩子。

退热，还应寻找发热的原因。同时将体温控制于 38.5℃以下，避免热性惊厥。

对于有热性惊厥病史的儿童，应该接受神经科医生的检查，并结合脑电图、脑 CT 等，判断热性惊厥，是单纯高热所致，还是高热为其诱因。有些孩子本身有癫痫，发热很可能是癫痫的诱因。所以，高热时出现惊厥，并不一定就是单纯热性惊厥。

如何预防热性惊厥

孩子高热时会出现寒战，这是正常人体反应，但往往被认为是寒冷造成的。于是经常增加衣服，表面上给孩子保暖了，但过多衣服穿着如同盔甲导致热量积于体内，易诱发热性惊厥。孩子高热时，应尽可能提高环境温度，适当减少衣物，这样利于体表散热，预防热性惊厥。

如何处理热性惊厥

若孩子出现热性惊厥，家长首先解开衣物，把孩子放平侧躺，移除周围硬物或尖锐物；取出或擦掉宝宝口中的东西或呕吐物，切勿塞筷子或勺柄之类，有可能引起窒息或口腔损伤；记录发作时宝宝的表现以及发作持续时间，如有条件用视频记录更方便医生判断；稳定后送入医院。

孩子高热时会出现寒战，
这是正常人体反应。

孩子发寒战，肯定是冷了，得多添些被子和衣服！

预防热性惊厥

孩子高热时，应尽可能提高环境温度，适当减少衣物，
这样利于体表散热，预防热性惊厥。

热性惊厥会遗传吗？

热性惊厥具有很强的遗传倾向。如果父母有热性惊厥史，应密切注意观察发热的孩子。如果孩子已经出现过热性惊厥，当体温达 38℃时就要及时足量地服用退热药物。服药后，注意多喝水。在环境温度允许的状况下，尽量少穿衣服。

热性惊厥是因体内温度急剧增高，造成大脑出现异常放电活动，出现突发的全身抽搐。热性惊厥有非常强的家族性。再有就是发热时处理发热不当。高热时，给孩子穿得过多，貌似避免着凉，实际上影响了体表散热，将高热捂在了体内，非常容易出现热性惊厥。

将孩子置于侧位，
避免呕吐物呛入气管。

稳定后送入医院。

父母有热性惊厥

遗传倾向很高

热性惊厥和癫痫有什么区别？

单纯热性惊厥是因为体内温度过高导致脑细胞突然出现异常放电，引起的全身肌肉痉挛性发作。但高热时出现惊厥并不一定就是单纯性热性惊厥。如果孩子存在癫痫，平时处于亚临床发作状态（没有惊厥发生，但大脑有异常放电），遇到高热时就可诱发出惊厥。

如果真是出现过热性惊厥，可以在体温 38℃时服用退热药物。再强调一下，高热时出现惊厥，事后一定要经神经科医生检查，确定究竟是高热所致惊厥，还是高热诱发出的癫痫。

出现什么情况要尽快带孩子去医院?

1. 不满3个月的婴儿体温超过38℃;

2. 3个月以上的孩子体温超过40℃，还伴有:

- ◆ 拒绝喝水;

- ◆ 即使喝水较多，仍表现出非常不舒服的样子;

- ◆ 排尿很少，而且口腔干燥，哭时眼泪少;

- ◆ 诉说头痛、耳朵痛或颈痛等;

- ◆ 持续腹泻和/或呕吐;

- ◆ 发烧已超过72小时。

出现什么情况要带孩子去医院

好多家长总是纠结于不知道什么情况要去医院，什么情况可以自己在家给孩子退热，下面为家长们做出解答。

不满 3 个月的婴儿体温超过 38℃时要立即去医院就诊。3 个月以上的孩子体温超过 40℃，还伴有：拒绝喝水；即使喝水较多，仍表现出非常不舒服的样子；排尿很少，而且口腔干燥，哭时眼泪少；诉说头痛、耳朵痛或颈痛等；持续腹泻和 / 或呕吐；发热已超过 72 小时，出现如上症状时应尽快带孩子去医院就诊。

尿路感染表现出来的最明显症状是发热，这让很多父母误认为宝宝只是感冒，所以要多了解尿路感染的表现。

特别提醒

出现这些迹象，一定要马上带孩子去看急诊。

◆ 无休止地哭闹已达几小时；

◆ 极度兴奋；

◆ 极度无力，甚至拒绝活动，包括爬行、走路等；

◆ 出现皮疹或紫色的针尖大小的出血点或瘀斑；

◆ 嘴唇、舌头或指甲床发紫；

◆ 位于小婴儿头顶部的前囟向外隆起；

◆ 颈部发硬；

◆ 剧烈头痛；

◆ 下肢运动障碍，比如瘸腿、运动时疼痛等；

◆ 明显呼吸困难；

◆ 惊厥。

发热时，什么迹象不用紧张？

如果发热时孩子玩耍自如，吃喝正常，交流如前，皮肤红润，都说明孩子的病情并不严重，家长可以在家观察孩子。

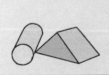

出现以下这些迹象，一定要马上带孩子去看急诊：

◆ 无休止地哭闹已达几小时；

◆ 极度兴奋；

◆ 极度无力，甚至拒绝活动，包括爬行、走路等；

◆ 出现皮疹或紫色的针尖大小的出血点或淤斑；

◆ 嘴唇、舌头或指甲床发紫；

◆ 位于小婴儿头顶部的前囟向外隆起；

◆ 颈部发硬；

◆ 剧烈头痛；

◆ 下肢运动障碍，比如瘸腿、运动时疼痛等；

◆ 明显呼吸困难；

◆ 惊厥。

如果发热时孩子玩耍自如，吃喝正常，交流如前，皮肤红润，都说明孩子的病情并不严重，家长可以在家观察孩子。一些家长见到孩子发热，就觉得需要去医院输液。静脉输液的指征不以体温高低做标准，而要考虑发热的原因。只有严重细菌感染，医生判断抗生素控制感染不给力，才可考虑静脉输抗生素。再者就是补充液体，防止脱水。

3 崔医师解评传统应对误区

孩子发烧快3个小时了！

1

没有给孩子服用退热药，而是径直到医院，希望得到医生的诊治。

儿科 →

2

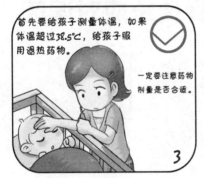

首先要给孩子测量体温，如果体温超过38.5℃，给孩子服用退热药物。

一定要注意药物剂量是否合适。

3

多给孩子饮水。在保证体温不高于38.5℃的同时，注意孩子是否存在咳嗽、呕吐、腹泻等不适症状。如果给孩子服药，一定要记住药名和剂量。

4

62

发热后立刻带孩子看医生

我曾接诊了一位 2 岁的小朋友，妈妈 3 小时前发现孩子开始发热，当时体温达到 38.5℃~ 39.5℃。妈妈很着急，没有给孩子服用退热药，而是径直带孩子到医院，希望得到医生的诊治。

其实，发热只有 3 小时，很难通过体检或血液检查寻找到发热原因。这位妈妈应该在孩子体温超过 38.5℃时，给孩子服用退热药物，以避免热性惊厥的发生。

对待发热，家长不要过于惊慌。首先要给孩子测量体温，孩子体温低于 38.5℃时不需要服退热剂，可多饮水／液体或以其他物理方式降温。如果出现流涕、咳嗽等症状，吃、喝、睡基本正常，继续观察。对于流涕，用温毛巾敷鼻，耐心等待 3~5 天。尽可能保持正常喂养，促进排便。如果 48 小时未排便，可用开塞露刺激排便。如果体温超过 38.5℃，就要给孩子服用退热药物。一定要注意药物剂量是否合适，再有就是多给孩子饮水。在保证体温不高于 38.5℃的同时，注意孩子是否存在咳嗽、呕吐、腹泻等不适症状。如果给孩子服药，一定要记住药名和剂量，以便在看病时向医生叙述清楚。注意，若孩子咳嗽很厉害，甚至呼吸明显有杂声，应由医生诊断是否有呼吸道感染，并采取相应治疗。

其实在孩子发热头三天内，如果没有明显其他不适，可以在家退热观察。

孩子发热2~3小时了，没有流鼻涕、咳嗽、呕吐、腹泻等症状，想做个血液检测寻找病因。

孩子除了发热，没有任何症状的话，过早检测并不能获得理想帮助。

在孩子发热头三天内，如果没有明显其他不适，可以在家退热观察。

1

2

孩子仅发热没有明显其他症状时，家长可以通过物理和药物降温，将孩子体温控制在38.5℃以下，并多饮水，保证排尿和排便。

如果孩子仅是发热，最好在烧后24小时再到医院检查。

3

儿科

4

发热头 24 小时内血液中白细胞及分类很难反映出引起发热的原因是病毒还是细菌感染。家长在孩子没有明显其他症状时，可以在家给孩子服退热剂，保持体温不超过 38.5℃，并多饮水。

我经常遇到发热仅 2 ~ 3 小时就带孩子去医院就诊的家长。当时孩子除了发热没有任何其他症状。家长希望寄托血液检测寻找病因，实际上过早检测并不能获得理想帮助。如果孩子仅是发热，只要能够通过物理和药物降温将体温控制在 38.5℃以下，多给孩子饮水，保证排尿和排便就可以了，最好在发热后 24 小时再到医院检查。

宝宝发烧，妈妈12个小时里去了3趟医院，好不容易把烧退了，医生诊断为口腔炎，让挂吊针，妈妈急得满头大汗。

1

有没有治疗感冒、咳嗽、口腔炎的好方子，还有增强孩子抵抗力的产品？

你12个小时来了3趟医院，非常不可取。而且发烧不是免疫力低下的表现。

2

医院是疾病聚集地，很容易发生交叉感染；一次看病得到医生的建议后，应在家遵医嘱；体温超过38.5℃，要给孩子服退热药，并鼓励多饮水。

3

尽可能保持轻松的环境，让孩子多休息。

4

发热后多次带孩子上医院检查

一位妈妈 12 个小时跑了 3 趟医院，总算把烧退下去了，医生诊断是口腔炎，让挂吊针，孩子脸色好差，眼睛都哭肿了……这位妈妈向医生提出要求治疗感冒、咳嗽、口腔炎的特效药和增强抵抗力的产品！

其实，孩子发热，12 小时跑 3 趟医院，这非常不可取。

1. 医院是疾病聚集地，特易发生交叉感染；

2. 发热是疾病症状，至少要 3 天；

3. 一次看病得到医生的建议后，应在家遵医嘱；

4. 体温超过 38.5℃时，要给孩子服用退热药物，并鼓励多饮水；

5. 尽可能保持轻松环境，让孩子多休息；

6. 发热不是免疫力低下的表现。

宝宝又病了。

儿科

孩子吃过什么药?

想不起来了,但我带着药盒呢。

家长在看病时要提供简单的病史和宝宝的服药记录,以及宝宝生病后的饮食等,这样才能使医生在尽可能短的时间内全面掌握孩子病情。

去医院要注意的事项

近期看到一种非常可喜的现象，家长带孩子到医院看病，身上带着已给孩子服用的药物。由于很多药物名称非常绕口，很难记住。家长经常不能准确说出药物名称。如果带着给孩子服的药物，医生就可轻易了解，并根据孩子的病情给予继续服用或换用药物的建议。

孩子生病后，家长们带孩子就医时应注意以下几点：

1. 提供简短准确的病史；

2. 看病后仔细倾听并记住医嘱；

3. 下次看病时带着以往的就诊记录和服用过的药物；

4. 家庭成员间对孩子患病的交流；

5. 家长与孩子间的交流；

6. 孩子生病后的饮食状况；

7. 对疾病预后的认识等。

如何向医生提供简洁准确的病史呢？在决定带孩子看病到见到医生前，家长应该快速总结此次生病的主要病症；是否与以前患病相关；此次病症的变化情况；是否采用了家庭治疗及其治疗效果如何；同时必须提供此次生病后孩子的起居、进食和大小便等日常生活情况。

这是上次看病的记录和上次医生开的药物。

病历

如何向医生提供简洁准确的病史呢？在家长决定带孩子看病到见到医生前，家长应该快速总结此次生病的主要病症；是否与以前患病相关；此次病症的变化情况；是否采用了家庭治疗及其治疗效果；同时必须提供此次生病后孩子的起居、进食和大小便等日常生活情况。

孩子生病后虽然看过医生，但病情还未见好或又出现新问题，这时家长可能会带孩子再次就诊。再去看病时，家长一定要带着上次看病的记录和上次医生开的药物，并向医生叙述服药后的病情变化。这可以使医生在尽可能短的时间内全面掌握孩子的病情。因为家长口述上次就诊过程和药物名称，容易出现偏差。

毛衣、棉衣都穿上，好好发发汗！

高热时给孩子穿过厚衣物，非常不利于退热，还会诱发高热惊厥。

1

多给孩子喝水，增加体内水分。

减少衣服或覆盖物，同时相应提高室内温度。

2

适当服用退热药物，利于体内散热。

3

室内外温差过大，特别是多穿衣服后出汗再着风，即会着凉。

4

穿厚衣服盖厚被子发汗

我曾看了一位 8 个月的小朋友从前一天晚上开始发热，体温最高达 39℃。第二天北京下着小雨，气温约 17℃。家长给孩子穿了两件厚衣服还加了外套棉衣。到医院时体温高达 39.2℃。医院室内温度是 24℃，医生建议将棉衣和一件厚衣服去掉，然而家长却顾虑孩子会着凉。

其实高热时给孩子穿过厚衣物，非常不利于退热，还会诱发热性惊厥。退热的根本是增加散热，只要将体内多余的热量散到体外即可退热。首先，多给孩子喝水，增加体内水分；其次，减少衣服或覆盖物（同时相应提高室内温度）；再有就是适当服用退热药物，利于体内散热。记住，室内外温差过大，特别是多穿衣服后出汗再着风，即会着凉。

如果孩子发热，但体温未达 38.5℃，可以采用物理降温。例如：多喝水、洗温水澡或利用温湿敷、退热贴等。如果孩子已经入睡，可将室内温度提高些，少给孩子盖点被子，并继续观察体温变化。

发热时，在提高环境温度的前提下，尽可能减少衣服或覆盖物。当然，不能过多增加衣物。

发热时体内产热大于散热，这与病原菌刺激大脑内体温调节中枢致使产热增多有关，退热正针对此点。物理降温是为了增加皮肤散热；药物降温是在改变体温调节中枢的状况下，利于散热。若穿得过多，散热很难实现，那样退热

孩子发烧了，要是不穿多些，会不会着凉？

高热时给孩子穿过厚衣物，非常不利于退热，还会诱发热性惊厥。

发热时体内产热大于散热，若穿得过多，散热很难实现，退烧不但不会见效，体温还可能继续增高，甚至出现热性惊厥。

产热

散热

宝宝发热却手脚发凉，是不是着凉了？赶紧再多加几床被子捂着。

发热时，人体会动用更多血液到体内重要脏器，这样手脚就会越发偏凉。捂热易使热量积于体内诱发热性惊厥。

使手脚恢复温热的方法是有效的物理降温，但不包括多盖、多穿的捂热法。

不但不会见效，体温还可能继续增高，甚至出现热性惊厥。所以，在适当提高环境温度下少穿衣。

小儿心脏力量较弱，每次心脏搏动到达手脚末端的血液少，平日会出现手脚偏凉于身体的现象。发热时，人体会动用更多的血液到体内重要脏器，导致手脚越发偏凉。使手脚恢复温热的方法是有效的物理降温，但不包括多盖、多穿的捂热法。捂热易使热量积于体内诱发热性惊厥，甚至会捂出大汗引发脱水。

物理降温没有副作用

冷降温

温降温

多摄入水分

吃药物都会有副作用

建议对乙酰氨基酚和布洛芬交替使用

担心退热药有副作用不给孩子服用

我曾接诊了一位 5 个月的小朋友，体温 39℃，家长既没有给孩子用退热贴，也没有给孩子服用退热药，询问原因，是家长担心退热贴和退热药有副作用，以致没敢给孩子用。

用退热贴、洗热水澡、多饮水等都属于物理降温方法，不会给孩子带来副作用。但是，高热时（体温超过 38.5℃）就应给孩子服用退热药物，以避免热性惊厥。

很多家长问退热药有没有副作用，其实任何药物或多或少都会有副作用。当体温超过 38.5℃，就应给孩子服用安全的退热药物（对乙酰氨基酚或布洛芬）。如果使用过程中发现有过敏等问题，可避免以后再用。由于这两种药物成分相对来说非常安全，所以才作为非处方药物（OTC）推荐。所以，家长不要因担心药物的小小副作用而弃之不用，最终导致孩子因高热出现惊厥。

给孩子退热时，最好这两种药物交替使用

要想达到理想的散热和退热效果，还要保证孩子摄入
充足的液体

如果孩子体温超过 38.5℃，可给孩子服用退热药物。建议"对乙酰氨基酚"和"布洛芬"交替使用。一次使用"对乙酰氨基酚"，下一次使用"布洛芬"。一般"对乙酰氨基酚"降温效果能维持 3～4 小时；而"布洛芬"能维持 6～8 小时。如果服用一种退热药物效果不明显，可使用另外一种退热药物。

　　为什么孩子发热时建议两种退热药（"对乙酰氨基酚"和"布洛芬"）交替使用呢？因为这两种退热药成分不同，都有退热作用。而且，交替使用在保持退热效果的同时，又可减少每种药物剂量。每种药物剂量相对减少，自然会降低因使用药物可能带来的副作用。

孩子挂吊针热退后没多久又发热了，高热不退是病情严重了吗？

静脉输液时提供了一定的水分。一次性补充水分只能解决一次性问题。输液不是在治疗疾病本身。

水分

热量

发热常影响咽部，影响孩子进水进食。

若进水有限，就有可能出现体内轻度缺水状况，因此出现退热困难。

一着急就让医生给孩子输液

有一次，一名 11 个月的宝宝已发热 3 天，家长来急诊，是因为从第 3 天起，孩子服用退热药就不能退热。仔细检查婴儿，仅是咽部轻度发红，无其他异常征象。家长认为高热不退应是病情加重表现，于是要求静脉输液。静脉输液（无抗生素和退热剂，仅生理盐水 + 葡萄糖）30 分钟后，体温降至正常。这说明了什么问题？

缺水！发热是症状，最常见的原因是上呼吸道感染，常影响咽部，造成进食进水困难。高热时药物退热过程会通过皮肤丢失水分，造成人体不显性失水增加。1~2 天后，若进水有限，就有可能出现体内轻度缺水状况，因此出现退热困难，它不是病情加重的表现。所以发热时，一定要鼓励孩子少量多次喝水或奶。

记住，静脉输液不明智！

经常听到家长这样说："孩子近日吃饭不好，输点葡萄糖吧！"血糖指的就是血中的葡萄糖，由胰腺分泌的胰岛素来控制血中的葡萄糖水平。但是，静脉输注或口服葡萄糖，若快速大量进入人体，会加重胰腺和肾脏负担。若真需要输葡萄糖，须根据医嘱匀速输液，切不可快速完成。

静脉输液治疗常见呼吸道等感染不是明智抉择！

1. 静脉穿刺对孩子产生恶劣刺激；

体液（包括血液）的成分 ▲

大量的液体
电解质（钠、钾、氯等）
被消化系统吸收入血的其他营
养物质,比如：葡萄糖、氨基酸、
脂肪酸、维生素和微量元素等。
人体代谢后产生的废物,比如：
非蛋白氮、尿酸等。

静脉输液的目的 ▲

补充丢失的体内液体；

代替经口液体的摄入；

弥补经口液体摄入的不足；

静脉使用药物的媒介。

静脉液体输注都输什么呢? ▲

静脉输注的液体应尽量模拟

人体的体液或者纠正不正常

的体液成分。

2.输液时会开放静脉，大量微粒会随输入液体一同进入人体，增加免疫系统负担；

3.输液时药物中的添加剂、防腐剂等直接入血，而口服时受到胃肠道的过滤。如果能够通过口服药物解决，就不要输液。输液不是快速治病的方式。

任何原因引起的发热不会因口服或注射一两次药物就会快速变为正常。

人体的体液和血液互相联通。正常情况下，体液中所含的水分、电解质、营养物质都是经口摄入，经胃肠道消化吸收进入血液，再动态转送入体液。人体产生的废物，从体液进入血液，再经过肾脏、消化道等代谢器官排出体外。

当人体经口摄入不足时，虽然液体、电解质和其他营养物质摄入受限。但由于很多营养物质在人体内有储备，所以短时间不会出现营养不良的问题，但是水分和电解质会很快出现缺乏，出现脱水。特别是人体肠道出现疾病，比如腹泻时，不仅营养物质吸收受限，大量从体液渗出的液体，以水和电解质最为丰富，经过肠道以水样便的形式大量快速排出，导致脱水。出现脱水时，孩子会出现皮肤、口腔等部位干燥的现象。

脱水，是一种急性疾病，来势凶猛，应该快速纠正。但是，"快速"是要符合人体生理功能和状态的。也就是说，输液应遵循"先快后慢，先盐后糖，见尿给钾"的原则。输液不仅仅是为了补充体内液体丢失或不足，而且也要保证人体疾病状态的代谢需要。所输液体应该至少包括水分、氯化钠、葡萄糖。所以，静脉输液要有专业医生确定输液中水分、电解质和葡萄糖的比例以及液体输注速度。液体成分和输注速度还应根据不同情况进行适当调整。输液应

脱水的临床表现

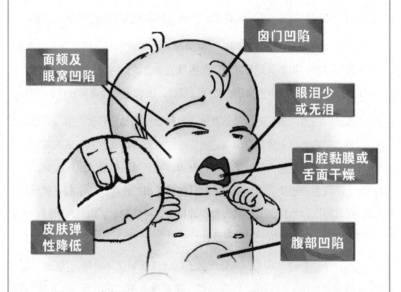

囟门凹陷

面颊及眼窝凹陷

眼泪少或无泪

口腔黏膜或舌面干燥

皮肤弹性降低

腹部凹陷

孩子患病需要使用相应的治疗药物，我们应该遵循能口服就不肌肉注射、能肌肉注射就不静脉给药的原则。当然，婴幼儿肌肉较薄，不提倡肌肉注射，但是也不应动辄就静脉给药。

该根据病情确定持续时间，但是很少能够几个小时内解决问题，一般至少需要12～24小时。

孩子患病需要使用相应的治疗药物，但是静脉使用药物并不一定就是最积极的方式。我们应该遵循能口服就不肌肉注射、能肌肉注射就不静脉给药的原则。当然，婴幼儿肌肉较薄，不提倡肌肉注射，但是也不应动辄就静脉给药。

对于发热，只是感染性疾病的常见症状。退热药物可暂时解决高热问题。由于退热过程是通过体内向外界散发热量的过程，需要大量水分参与，所以，入水量不足或丢失过多都会影响退热药物的效果，适当输液，纠正体内水分不足，利于退热，但是绝对不能理解成静脉输液，特别是静脉输抗生素可以治疗发热，或缩短退热过程。

静脉输液是一种医疗方法，但是家长必须了解静脉输液是为了纠正或补充体液的确实不足，是为了静脉途径给药，但绝不是治疗常见发热、感冒的方法。如果真是需要静脉输液时，需要由专业医生确定输液的种类、速度、时间，并根据孩子的病情及时调整。任何治疗方法如果使用不当，都会带来不该有的负面效应。

抗生素不是治疗发热的万能药，只针对细菌和某些支原体、衣原体等病菌，不能抑制和杀灭病毒。

对病毒感染，抗生素是无效的。抗生素本身属于化学物质，服用不当对孩子会造成不该有的负面效应。

发热是炎症所致的说法完全正确，但炎症并不意味着是细菌感染。比如：咽部红肿可以是病毒感染所致，也可以是细菌感染所致，还可以是严重哭闹局部受到机械刺激所致。

若发热确定为是病毒感染，通常不应使用抗生素。抗生素只针对细菌和一些特别微生物，如支原体；抗生素并没有杀灭病毒的功效。

抗生素不仅不会缩短病毒感染病程，反而会导致肠道菌群失调，增加病痛。抗生素不是退热药物！千万不要根据发热程度或期限作为选择抗生素的标准。

给孩子用抗生素退热

有一次，我看了一天疾病门诊，主要是发热等病症。大多数家长在家只给孩子吃退热药，可两位家长在发热的第一时间给孩子服用了抗生素。其理由是过节期间希望孩子病情快速好转。结果血液检测显示白细胞不但不高，而且均低于正常值低限，为典型病毒感染。

各位家长一定要明确了解抗生素。抗生素不是治疗发热的万能药，它只针对细菌和某些支原体、衣原体等病菌，不能抑制和杀灭病毒。对于病毒感染，抗生素是无效的。抗生素本身属于化学物质，服用不当对孩子会造成不该有的负面效应。

发热时，若白细胞总数和中性粒细胞均低，特别是低于正常值低限，此时淋巴细胞相对增高，说明是病毒感染，不用抗生素。若病毒感染并不严重，非单纯疱疹、EB病毒等，也不需用抗病毒药物。病毒感染后2~4周，白细胞和中性粒细胞会恢复正常，不需用升白细胞药物或免疫增强剂。

发热是炎症所致的说法完全正确，但炎症并不意味着是细菌感染。病菌（细菌、病毒、支原体等）、外伤、过敏等都会引起相应部位的炎症。比如：咽部红肿可以是病毒感染所致，也可以是细菌感染所致，还可以是严重哭闹局部受到机械刺激所致。若将炎症形容为一个社区，细菌感染也就是其中几栋房子罢了。

若发热确定是病毒感染，通常不应使用抗生素。抗生素只针对细菌和一些

孩子的难受程度是反映感染严重程度的最好指标。如孩子精神状况好，即使高热也不用过于着急；如孩子精神状况差，即使不发烧也应看医生。

孩子说发烧，但是精神状况很差，应该去看看医生。

对于反复呼吸道病症（咳嗽、发热）的孩子，应该进行免疫功能+过敏原的检查。如果真是免疫功能低下，应该使用免疫增强剂；如果是过敏，需要去除过敏原和抗过敏治疗。不要遇到孩子发热、咳嗽就纠结于是否是细菌感染，是否该使用抗生素。

家长必须记住可以给孩子使用的退热药物只有"对乙酰氨基酚"和"布洛芬"，不能给孩子使用"阿司匹林"和含"阿司匹林"的药物。

对乙酰氨基酚　布洛芬

抗生素
阿司匹林

抗生素（青霉素、头孢等)不是退热药物!只有细菌感染引起的发烧才能选择使用抗生素治疗。无论是用抗生素还是其他药物治疗，目的都是治疗引起发烧的原因，而不是发烧本身。

特别微生物，如支原体，并没有杀灭病毒的功效。抗生素不仅不会缩短病毒感染病程，反而会导致肠道菌群失调，增加病痛。抗生素不是退热药物！千万不要根据发热程度或期限作为选择抗生素的标准，而应根据病因来对待。

感染的严重程度不是以病毒或细菌感染作为标准，应该以感染程度作为指标。血常规、C-反应蛋白等化验可反映感染程度。其实，孩子的难受程度是反映感染严重程度的最好指标。如孩子精神状况好，即使高热也不用过于着急；如孩子精神状况差，即使不发热也应看医生。

对于反复呼吸道病症（咳嗽、发热）的孩子，应该进行免疫功能＋过敏原的检查。如果真是免疫功能低下，应该使用免疫增强剂；如果是过敏，需要去除过敏原和抗过敏治疗。不要遇到孩子发热、咳嗽就纠结于是否是细菌感染，是否该使用抗生素。

虽然孩子发热，家长着急，但是家长必须记住可以给孩子使用的退热药物只有"对乙酰氨基酚"和"布洛芬"，不能给孩子使用"阿司匹林"和含"阿司匹林"的药物。家长一定要记住，抗生素（青霉素、头孢等）不是退热药物！只有细菌感染引起的发热才能选择使用抗生素治疗。无论是用抗生素还是其他药物治疗，目的都是治疗引起发热的原因，而不是发热本身。

● 听信没有医学论证的偏方

曾经有一名 8 个月的小朋友高热，当时无任何其他不适，于是我也只是嘱咐家长只需当体温超过 38.5℃时服退热药，暂不用其他药物，可能高热会持续 3~5 天。可家长对孩子高热不退心急，接受了别人推荐的方法，用蒜泥搓脚心，结果用力过重，将脚心搓出大泡，4 天后体温恢复正常，可脚心的大泡还需数天才能好。

高热本身并不可怕，只有热性惊厥才有可能损伤大脑，所以体温超过 38.5℃时需服退热药。如果孩子仅高热，没有其他明显不适，只需退热和耐心等待即可。不要因为着急，就选用更多治疗，特别是使用无医学论证的方法，造成孩子出现二重损伤，将原本简单的疾病变复杂。

4 崔大夫发热门诊问答

为什么孩子容易出现 38.5℃以上的高热

体温调节中枢上调体温的水平本与病情有密切关系，但是由于孩子大脑发育不够成熟，遇到体温调节中枢上调信号后，经常出现调节过度的现象。这就是为什么孩子出现发热时，总会达到高热状态的缘故。

高热可能导致孩子大脑出现不稳定状况——热性惊厥。因此孩子体温高于 38.5℃时，要给孩子服用退热药。

发热是人体遇到病菌侵袭后，对抗病菌的一种保护机制，对人体是非常有利的，从这个意义上讲，只要能采取适当的应对方法，发热并不可怕。

孩子虽然还在发热，但是精神状态还不错，应该不用太担心。

孩子体温高是不是代表病情严重

病情严重程度不是根据体温来判断的。其实，观察孩子一般状况非常重要。即使体温超过 40℃，但精神状况好或服药降温后孩子精神状态同前，就不属于严重问题。如果在发热的同时，孩子显出非常难受状，服药降温后，仍非常难受，就应及时带孩子到医院就诊。当然，发热时孩子仍然活跃，就大可不必惊慌。

发热是症状，不是疾病原因。不要通过发热的程度判断疾病的原因和性质。要知道，退热也仅是缓解症状而已。而且，发热多是炎症所致，其中病毒感染占多数。而抗生素只针对严重细菌感染，所以不要依赖抗生素退热。

孩子高热会烧出肺炎或大脑炎吗

发热本身如果没有引起热性惊厥，就不会造成人体任何部位的损伤。倒是引起发热的原因有可能造成肺炎、大脑炎或人体其他部位损伤。所以，遇到孩子发热，在控制高热的同时，要通过医生帮助寻找病因，采用针对病因的得当方法，才能使孩子很快恢复健康。

很多家长认为，发热可以烧坏孩子！高热达到一定程度，一般超过39℃，确有可能导致大脑功能紊乱，出现热性惊厥，这应该是唯一"烧坏"孩子的可能。如果能够避免热性惊厥，发热不会烧坏大脑，更不可能烧出肺炎。肺炎应该是引起发热的原因之一。若是大脑炎引起的大脑损伤，那就不是发热的缘故，而是侵入大脑的病菌所致。

发热带孩子到医院究竟查什么

发热是炎症的结果，可以到医院检查引起炎症的原因。炎症包括病毒、细菌、支原体、过敏等多种因素。千万不要认为，咽红、流涕、咳嗽就一定是细菌感染。

发热到医院，医生常建议检测血常规和 C- 反应蛋白。何为 C- 反应蛋白（CRP）呢？它可在各种急性炎症、损伤等发作后数小时内迅速升高，并有成倍增长之势。病变好转后又迅速降至正常，其升高幅度与感染的程度呈正相关，被认为是急性炎症时反应最主要、最敏感的指标之一。

如果血常规检查白细胞至少超过 15×10^9 个 /L 和 CRP（C- 反应蛋白）超过 30，才可能是细菌感染。千万不要把细菌感染扩大化，造成抗生素的滥用。

孩子感冒病症不重，但是感觉久久没痊愈，是不是该去看看医生？

一般感冒只要护理得当，就会逐渐好转、痊愈，家长需要有点耐心。

C- 反应蛋白（CRP）与白细胞总数、红细胞沉降率和多形核（中性）白细胞数量等具有相关性，尤其与白细胞总数存在正相关。可帮助辨别感染类型，并用于细菌和病毒感染的鉴别诊断：细菌感染时，CRP 水平升高；而病毒感染时，CRP 不升高或轻度升高。所以，医生可根据 CRP 结果有针对性地选择药物。

外周血白细胞总数增高（对成人来说超过 10×10^9 个 /L，对儿童来说超过 15×10^9 个 /L），同时多形核（中性）白细胞超过 70% 以上，说明是细菌感染；如果白细胞不高或轻微增高，同时淋巴细胞增高，说明是病毒感染。当然，还要根据医生的检查一起判断。

对待发热家长应该做到

适当提高室温

适当减少孩子的穿盖

多让孩子饮水或液体

宝贝，妈妈带你去嘘嘘。

多饮水多排尿，保证孩子排便

当体温超过38.5℃时服用退热药

孩子为何久热不退

听到一位家长感慨道，孩子发热已3天，吃药效果不好，结果一输液体温就降至正常了，还是输液管用。

其实高热不退与以下几方面有关：

1. 退热药剂量不够；

2. 体内水分不足；

3. 穿盖衣物较多影响皮肤散热；

4. 引起发热的病因未解除。

静脉输液主要提供了水分，再好的药物也不可能输完液就会立即起效。

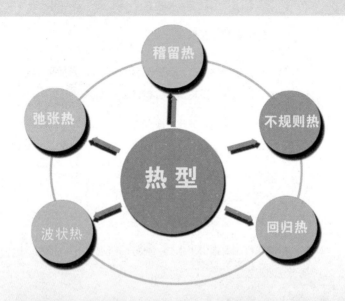

体温持续于39℃～40℃,达数日或数周之久,24小时内体温波动不超过1℃	体温在24小时内波动达2℃或更高,且均在正常水平以上	体温在数日内逐渐上升至高峰,后逐渐下降至常温或微热状态,不久再发,呈波浪式起伏	高热期与无热期各持续数日,周期性互相交替	发热持续时间不定,变动无规律,视为不规则热

如何帮助发热的孩子退热？

人体散热主要通过皮肤、呼吸、排便来实现。对待发热家长应该做到：

1.适当提高室温，减少孩子的穿盖衣物，这利于皮肤散热。即使是服用退热药，退热效果也是通过皮肤散热而实现。穿着或覆盖过多，会阻碍皮肤散热，如同盔甲，将热量积于体内易诱发热性惊厥。

2.多让孩子饮水或液体。孩子发热时多不喜喝水。家长应想尽办法少量多次使孩子增加液体摄入量。即使服了退热药，若体内水分不足，散热不够，退热也会受到阻碍。而且体内水分不足，退热药就会失灵。

3.多饮水多排尿，也利于散热。

4.发热时保证孩子排大便并不容易。很多家长认为发热时孩子进食少不会有多少大便。其实，肠道本身还有分泌功能，也就是体内代谢产物或毒素会积于肠内。尽快排出利于散热，也利于疾病好转。超过 48 小时未排便，可暂用开塞露。

5.当体温超过 38.5℃时服用退热药。由于服退热药到体内起效需一定时间。当体温达 39℃时药物能起效，这是服用的目的。退热药剂量要足，同时须增加液体摄入，否则将降低退热药效果，也延长药物在体内存留时间。目前没有研究表明，注射退热药效果优于口服退热药！

孩子受凉流鼻涕了，是不是发烧的前兆呀？

受凉后流鼻涕说明出现了感冒。感冒并不意味着一定会发热。

孩子着凉与发热有关吗

着凉与发热，这到底有没有关系？生活中确实能遇到着凉后出现感冒和发热的现象，其原因是着凉后呼吸道，特别是上呼吸道局部受到刺激，出现抵抗能力一时稍低的情况。借此，散布于空气中的病菌就可能侵犯呼吸道黏膜引起感染——感冒，同时会伴有发热等症状。引起着凉的原因往往是出汗后着风。

着凉不是绝对温度低所致，而是出汗后着风所致。北方地区天气变化大，有时风大，家长往往给孩子穿衣较多。当孩子运动后往往大汗，风吹后容易引起着凉。所以，家长一定要适当给孩子增减衣服，尽可能避免运动后大汗，以免着凉。

孩子发热了，据说用酒精搓身体可以降温。

建议家庭内还是采用温湿敷和洗温水澡。

用酒精擦身体降温是否科学

　　家庭用酒精擦浴，往往达不到理想效果，其原因是家长不容易掌握到大血管流动的部位，这样退热效果有限，反而增加孩子的寒战反应。因为酒精蒸发过程中会带走皮肤表面的热量，使皮肤收缩出现寒战反应，更不利于体内热量散发。建议家庭内还是采用温湿敷和洗温水澡，这样比较安全。

如果孩子不能耐受口服药物，可选择直肠内使用的栓剂。

退热药的退热效果还与婴幼儿液体摄入量有关

12岁以下儿童慎用阿司匹林 阿司匹林

中药退热起效较慢，效果不确定

注射退热药没有明显优势

退热剂只是针对退热而言。引起发热的原因有很多，要咨询医生，选择适宜的对因治疗

服用退热药的常见问题

崔医生，我想问一下对于晚上睡前孩子发热体温在38.5℃以下的时候不吃退热药，只采取物理降温的方法是否可行？因为担心夜里会烧得更高，还得折腾孩子起来吃药。可否在睡前给退热药吃呢？另外我儿子吃了退热药后体温下降很快，这样是不是会对身体和病情不利呢？

体温超过38.5℃时才要使用退热药。如果体温没有超过38.5℃，可以采用物理降温的方法。孩子睡觉时，可以适当增加环境温度，减少孩子覆盖物，这样比较利于皮肤散热。但是，及早服用退热剂预防孩子高热不是推荐的方法。因为退热药毕竟是药物，不应无限制使用。

退热药

婴幼儿退热剂主要有两种成分：对乙酰氨基酚和布洛芬

12岁以下的儿童不建议服用阿司匹林

对乙酰氨基酚

日常最大量为每4小时一次，每次15mg/kg

布洛芬

日常最大量为每6小时一次，每次10mg/kg

你好，崔医生，泰诺林和塞肛门的退热栓相比，哪个退热效果更好？更安全？退热栓有副作用吗？

：对乙酰氨基酚有两种剂型，一种是口服液体，一种是栓剂，两种途径用药退热效果相同。根据孩子接受情况，进行合适的选择。一般建议不能接受口服退热药的孩子，选用栓剂。

最想知道像泰诺林、美林这些药是不是 24 小时不能超过 4 次用量，就算交替使用，两个加起来是不是也不能超过 4 次，有时候实在没办法用 5 次，行不行？

为何在孩子高热时推荐"对乙酰氨基酚"和"布洛芬"交替使用，就是为了减少每种药物可能带来的副作用。说明书上提到，每种药物一天内不能服用超过 4 次，如果两种药物交替使用一共可达 8 次。

请问崔大夫，服用退热药给孩子降温，是否会增加孩子的肾脏负担（特别是在有脱水情形时）？

只要选择合适剂量，不会增加孩子的肾脏负担。脱水时出现的高热与体内水分不足有关，应该及时纠正脱水。体内水分不足是服用退热药效果不好的原因之一。

4岁女孩，咳嗽一天后，发热39℃，吃了3次退热药，药效一过又烧了，伴有咳嗽多，流鼻涕，应该怎么办呢？

退热药只是暂时降温，只有病因去除或疾病好转才能真正退热。退热药只针对体温超过38.5℃的发热而言。出现咳嗽和流鼻涕应该是呼吸道感染的症状。需要医生判断是否需要服药。

发热

——人体防御能力

退热

——避免惊厥等不利影响

适当低热

——增强免疫功能

宝宝经常发热是免疫力太差吗

宝宝分别在5月12日、6月16日、8月2日、8月19日发热，均是病毒性上呼吸道感染，吃抗病毒药加退热药都要一周才能好。8月2日发热之后嗓子有痰，咳嗽不多，还没好全，昨天又烧起来了。这么频繁生病是不是宝宝抵抗力太差？我又该如何帮助她提高自身抵抗力呢？

对频繁出现高热（每年超过4次）的儿童，应考虑是否有免疫功能低下问题。但是，也别忽略了过敏。在免疫系统反应上两者截然相反。免疫力低下可表现于免疫球蛋白A或/和G偏低；而过敏可表现于免疫球蛋白E的增高。一定要先确诊，再考虑治疗方法，千万不要盲目使用提高/增强免疫力的药物！

发热确实可以提高人体的免疫能力，只有体温超过38.5℃才需要吃退热药，为的是避免出现孩子热性惊厥。

宝宝频繁发热是不是宝宝抵抗力太差？

对频繁出现高热的儿童，应考虑是否有免疫功能低下问题。但也不能忽略了过敏。

一定要先确诊，再考虑治疗方法，千万不要盲目使用提高/增强免疫力的药物！

增强免疫力的药物

宝宝发热可以喝葡萄糖水吗

宝宝发热期间可以喝一些葡萄糖水吗？

发热时多补充水分非常重要，包括白水、饮料等，但不能是葡萄糖水，除非存在低血糖现象。葡萄糖属于单糖，在肠道内吸收和体内代谢没有限速酶（调节葡萄糖吸收利用速度的酶），进食后的快速利用会增加胰腺负担。若利用不了通过肾脏排泄还会带走更多水分。

孩子总是不断地发热，温度不算高，39℃多一点，挂吊针后热退了，但一会儿又开始发热，什么原因啊？

静脉输液不是退热的方法，但是为何静脉输液后体温真的会暂时降低了呢？这充分说明孩子体内缺少水分。因为静脉输液时提供了一定水分。一次性补充水分只能解决一次性问题。为了补充水分大可不必经历静脉输液过程。

高热不退

发热带走水分

水分供应不足

发热期间多吃清淡的食物以及多喝水

高热时，体内为调控体温不致过高，会增加散热。散热主要通过皮肤，还有就是呼吸，当然排尿、排便也有一定的效果。所以，高热孩子皮肤会有很多水分丢失；增快的呼吸同样会丢失很多水分。若不及时补充，就会出现高热不退的现象，也称为脱水热。

　　宝宝发热期间，饮食应该清淡，注意水分的供给，避免因发热出现的续发脱水现象，出现脱水热。

什么情况下才能使用抗生素

崔大夫，还有一个问题，就是发热之后，我们带孩子去医院，一般医生都会要求抽手指血或静脉血查血常规，很多时候有的医生都不看检查结果就直接要给孩子上抗生素，我们对抗生素很反对，所以想让您教一下我们这些新手妈妈，如何看化验单，在什么情况下才需要使用抗生素？这样才不会盲目听信。

孩子出现发热等情况一般24小时后，血常规才能有所反映。建议发热24小时后再进行血液检查。如果血液检查发现白细胞超过15，其中中性粒细胞超过80%，且C-反应蛋白超过30才可考虑细菌感染。是否需要使用抗生素，要根据孩子的病史、表现，再结合化验决定。化验仅是辅助检查。

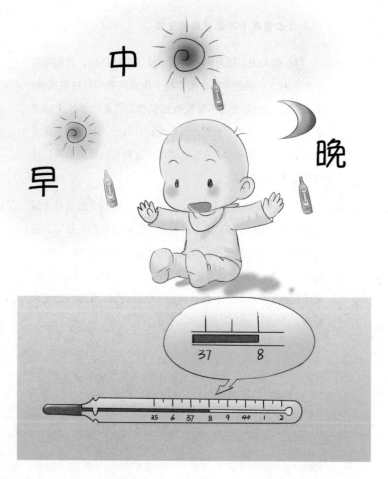

孩子体温经常是 38℃ 怎么办

崔医生，您好！宝宝现在 10 个月，7 个月以来，大约 7～8 次晨起腋温 38℃，无任何处理后一天体温恢复正常，情绪良好，无其他异常。是否需要做检查？

每个孩子的基础体温不同，不同时间的体温不同，不同活动状态的体温也不同。

如果早起体温偏高，没有任何症状，家长不必担心。可以记录孩子一天早、中、晚的体温，了解孩子平时体温的情况。

我家宝宝在量体温时体温计破裂，割破了腋下，拍片结果说是水银未进入皮肤。请问，X光摄片是否真的能准确看出水银是不是对宝宝产生了影响？

水银属于金属，X线透视下呈现黑影，X线照片呈现白影。如果X线检测后未发现水银，就不必再担心。

不过对学龄下的儿童使用水银柱体温表非常不安全。比如，我们经常听说水银柱体温表损坏时，有的怀疑孩子吞下水银，有的担心腋窝部皮肤破溃渗进水银等。

从安全角度考虑，建议家庭使用电子体温计——腋温表或耳温枪。

孩子感冒发热时，吃上退热药后钻进被窝，捂出一身汗的退热方法科学吗？

发热时给孩子服用退热剂后再捂上被子，很容易使孩子出大汗，出大汗后肯定退热。

但大人在大汗后只是感到口渴，而婴幼儿体内储备不足，大汗后会导致脱水。

脱水可造成大脑、心脏等严重损伤。其程度远远比发热严重得多。

孩子高热时服用退热药之所以效果不好，就是因为孩子体内水分不足，没有足够的水分经皮肤散热。如果给高热的孩子捂汗，就会强迫体内水分经皮肤丢失，导致重要脏器缺水，有可能影响重要脏器功能。"捂汗"是非常不良的退热方式。

再次强调，高热时尽可能鼓励孩子多喝水，多排尿。千万不要给孩子捂汗。

吃上退热药钻进被窝捂出一身汗的方法科学吗

发热时给孩子服用退热剂后再捂上被子，很容易使孩子出汗，而且是大汗，出大汗后肯定退热。大汗时体内水分和电解质会通过皮肤大量丢失。对于成人，由于体内所储备水和电解质多，大汗后只是感到口渴；而婴幼儿体内储备不足，大汗后会导致脱水。脱水可造成大脑、心脏等严重损伤。其程度远远比发热严重得多。

孩子高热时服用退热药之所以效果不好，就是因为孩子体内水分不足，没有足够的水分经皮肤散热，导致体温下降。如果给高热的孩子捂汗，就会强迫体内水分经皮肤丢失，导致重要脏器缺水，可能出现"脱水"现象，有可能影响重要脏器功能。"捂汗"是非常不良的退热方式。

再次强调，高热时尽可能鼓励孩子多喝水，多排尿。千万不要给孩子捂汗。捂汗过程初期造成体内散热减少，体内温度更高，容易诱发婴幼儿发生热性惊厥；捂汗过程后期，因快速大量出汗，导致体内水分快速丢失，虽然体温降至正常，却可引起脱水，造成体内重要器官功能受损，也可出现惊厥。

预防襁褓中的婴儿感冒
家长要把好自己的关

如果家长已患呼吸道感染，应暂时远离自己的宝宝。

如果家长周围的同事患有呼吸道感染，此时家长很可能是健康的病菌携带者。这种情况下，在下班途中，家长最好在外面多走动一下。通过与外界的呼吸交换，可减少口鼻咽内的病菌含量。

开车族的家长更是要注意。在回家途中，应适当开窗，呼吸外界空气，减少自身口鼻咽内携带病菌的数量。如果路途上堵车严重，车厢里也会有较重的空气污染。下车后最好别直奔回家马上抱孩子。而是要想办法先"清洁"一下自己。

如何预防襁褓中的小婴儿感冒

一般说来，孩子出生后 6 个月内确实不爱生病，这是因为妈妈在怀孕期间通过胎盘传给了婴儿很多种抗体。这些抗体会在婴儿体内存留 6 个月左右。不过，这些抗体的种类与她自己曾经遇到过的感染有关。引起感冒的病毒有上千种之多，妈妈不可能对任何感冒病毒都有抗体。所以，6 个月内的小宝宝仍然有可能患上感冒等感染性疾病。

预防感冒可以从减少孩子接触细菌的机会这个角度出发。减少小婴儿生活空间中的细菌，就需要经常开窗通风。北方家庭在秋冬季节会将门窗都关闭，保暖是目的之一，还有一个原因是为了减少灰尘进入室内。人们往往认为灰尘中会含有很多致病的病毒和细菌，减少灰尘应该可以减少疾病，特别是呼吸道感染的发生。其实并非如此，关闭门窗确实可以起到隔尘的作用，但是并不能减少呼吸道疾病的发生。户外灰尘较大、病菌种类多，但每种病菌的密度比较低，不易引起人体发病。如果我们把门窗紧闭，加上室内干

家人在外出回家后要做以下几件事情：

洗手

换衣服

用淡盐水漱口和清理咽部以及清洗鼻腔。

以上程序完成之后再与孩子亲密接触。

热，存留于室内的病菌虽然种类少，但可迅速繁殖，致使密度增加。病菌的密度增加就可增加人体感染呼吸道疾病的机会。如果定时开窗通风，虽然可能让很多种类的病菌进屋，但可降低每种病菌的密度，反而降低了呼吸道感染的危险。

另一方面，也要降低小婴儿身边亲人携带病菌的机会。由于成人抵抗疾病的能力相对较强，很多时候即使接触到了病菌也不会发病。但是，存在于成人口鼻咽内的病菌却会对家中的婴儿造成一定的威胁。很多家长回到家洗手、换衣服后，就去亲孩子。殊不知，在与婴儿近距离接触时，通过呼吸就可将成人口鼻咽内的病菌直接传给婴儿。这也是为什么婴儿躲在家中也会患上外界流行疾病的原因。所以，家长在洗手、换衣服后还要用淡盐水漱口和清理咽部以及清洗鼻腔，之后再与孩子亲密接触，并且要让以上程序形成习惯。

预防感冒的自然法则

室内经常通风，减少室内病菌的密度。

经常室外活动，适应天气的变化。

经常喝水，增加体内毒素的排泄。

合理增减衣服，减少着凉的机会。

远离病人，避免成人带菌者的侵袭。

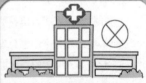

少去人多密集的室内场所，特别是医院。

鼓励3岁以上儿童每晚用淡盐水漱口。

大人和6个月以上儿童，应接种流感疫苗。

上幼儿园的孩子如何预防感冒

很多家长反映，孩子上了幼儿园以后就开始频繁感冒，几乎每个月都会出现发烧、感冒，特别是深秋和入冬后，发作更是频繁。

孩子进入集体生活环境中，特别容易出现呼吸道感染，这与孩子们之间接触密切有关。搂、抱、亲等动作会通过飞沫把病菌传给他人。呼吸道疾病主要通过飞沫传播，其中任何一个孩子得病都可引起其他儿童发病。不过，人体免疫系统就是在不断与病菌抗争中而成熟，从这一点来说，对孩子也有好处。

此外，还有其他一些因素，比如衣服穿得不合适、喝水少等也会导致孩子患上呼吸道疾病。很多家长怕孩子着凉，在秋冬季往往给孩子穿过多的衣服。可是，孩子在幼儿园玩耍过程中，经常会出汗。出汗后，内衣潮湿，再遇到风吹，孩子就容易出现真正的着凉。而着凉后，儿童抵抗疾病的能力自然降低，疾病就会乘虚而入。

孩子上了幼儿园以后几乎每个月都会出现发烧、感冒，特别是深秋和入冬后，发作更频繁。

这与孩子之间接触密切有关，病菌会通过飞沫传播给他人。

很多家长在秋冬季给孩子穿过多的衣服。但孩子在幼儿园玩耍时，经常会出汗。出汗后，内衣潮湿，孩子容易着凉。着凉后，疾病就会乘虚而入。

很多孩子在幼儿园喝水少。为了让孩子多喝水，家长可以在家里对孩子进行训练。比如将倒好的水放在固定地方，定时提醒孩子自己拿水杯喝水。

年龄小的宝宝在家主要由大人精心照顾。大人会安排小宝宝的吃饭、喝水的时间和规律。可是，到了幼儿园，老师虽然也会给孩子定时发水喝，但其他的大部分时间并没有人提醒。因此，很多孩子在幼儿园期间喝水比较少。为了让孩子多喝些水，在家里，家长可以对孩子进行一定的训练。比如将倒好的水放在固定地方，提醒孩子自己拿水杯喝水，定时提醒孩子应该喝水了等。此外，还要多与幼儿园的老师交流，了解幼儿园的生活习惯，使家中的生活规律尽可能与幼儿园接近。

头部爱出汗，是婴儿发育的特点之一

由于婴儿全身很多部位的汗毛孔还未开放，所以出汗的部位多见于有毛发覆盖的部位。这就是孩子容易头部出汗的原因之一。

另外，孩子植物神经发育不够成熟，交感神经易兴奋，可造成无热出汗。所以，婴儿头部出汗与其生长发育特点有关，与平时家长经常担心的缺钙等并无直接关系。

家长发现孩子头部出汗，其他部位又没有出汗，说明这是一个正常现象。因为他只有通过头部，才能够散热。如果孩子总是全身大汗，那说明我们给孩子穿盖过厚或环境温度太高了，应该降低环境温度。

宝宝的头总是发烫，会不会有问题

头部温度较高是婴儿非常普遍的一种现象，从表面来看，是婴儿头热，其实并不是。我们全身皮肤都有汗毛孔，当你热的时候会通过汗毛孔排汗散热，汗毛孔发育不好的话，局部是不能发汗的。婴幼儿全身的汗毛孔尚未发育好，所以孩子热的时候，散热都局限于能够发汗的头发部位，表现就是头部特别容易出汗。随着孩子长大，全身汗毛孔逐渐发育好了，仅仅头部出汗这个现象，就减少了或消失了。

我经常问家长一个问题：你发现孩子头部出汗，孩子其他部位有没有出汗？每当这时，家长会说好像没怎么发现其他部位出汗，那说明这是一个正常现象。因为孩子全身的汗毛孔还未发育好，他只有通过头部，才能够散热。如果孩子总是全身大汗，那说明我们给孩子穿的、盖的过多了或环境温度太高了，应该降低环境温度。家长注意孩子出汗后不要马上进入到空调房或相对冷的环境里，以免因着凉引发感冒。

带孩子自驾车出行要注意什么？

第一，要定时通风，车内的空气才能保持新鲜。

第二，孩子在车内睡觉时不要给他盖得太多，以免孩子出很多汗，下车后会遇风着凉。

第三，儿童，包括婴儿，乘车必须乘坐安全座椅。长途旅行中应注意途中适当休息，一是可以让孩子换换姿势；二是透透空气，减少婴儿烦躁心理。

第四，在行驶过程中注意饮食和喝水，不要让孩子的生活规律发生明显的变化。

春季气温变化快，如何给孩子穿衣

春天的气温通常不稳定。每天或是同一天的不同时间气温都有很大的变化，所以给孩子穿适当的衣服很重要，不要同一天里早上穿的衣服一直到晚上都没有变化，一定要根据情况及时增减。

在门诊，经常可以看到孩子起痱子的情况。就是因为早上穿的衣服正合适，到了中午孩子就会热，或是孩子活动后出汗，家长没有及时给孩子减少衣物，造成孩子起热疹的情况。所以希望家长及时给孩子调整衣服。

一定要记住，孩子怎么样穿衣服才合适，只要颈部温热，手脚稍凉，这样对于孩子来说是正合适的。如果手脚已出汗，说明穿的衣服已经多了，要及时减少一些。大人一定要根据自己的情况来调整孩子，孩子不是更怕冷，而是更怕热。

春天很多家长会带孩子外出踏青。踏青的时候家长要注意以下两方面的问题：

春天给孩子穿衣要适当，可分内外多层，便于穿脱；

带孩子外出春游，注意穿防风的衣服，避免着凉；

孩子运动过后会出汗，需要及时擦去汗水，然后调整衣服；

孩子出汗后需要补充水分，注意饮料温度适宜，不可饮用冰过的冷饮，以免引起肠胃不适。

第一，路途中车内气温往往较热，而且孩子坐在安全座椅上，安全座椅不透气，孩子会出汗。所以到了目的地，不要马上把孩子抱下来，一定观察孩子身上是否有汗，因为目的地往往比较空旷、风比较大，这样孩子出汗后吹风会着凉；

第二，我们踏青的地方往往风比较大，但是温度并不见得低，所以给孩子可以穿一些防风的衣服，而不是厚的衣服。千万记住不要穿厚的衣服，这样可以避免孩子出汗、着凉。

用毛巾或纸巾及时擦掉孩子身上的汗渍，以免引发着凉或是热疹和痱子；

适当给孩子补充水分；

检查孩子的穿盖情况，及时增减。

孩子爱出汗如何护理

孩子爱出汗，家长们往往容易担忧。实际上，家长应该分解对待这个问题。首先，孩子爱出汗的部位是头部，尤其是婴幼儿。这主要是因为孩子身体其他地方的汗毛孔还没有张开，汗液只能透过头部排出。其次，家长要看一看是不是给孩子穿、盖过多。家长往往以自己的感觉来衡量孩子的冷热。特别是家里带孩子的老人，老人本身就害怕寒冷，所以感觉偏凉，而孩子火力特别旺盛，代谢较快，所以容易偏热。如果触摸孩子的颈、背部温热，就说明孩子的穿、盖已经够了，避免孩子穿、盖过多是防止孩子出汗的重要护理环节。

有的家长说，孩子身体很凉，却出很多汗，是为什么？其实，孩子出汗的原因，除了穿盖过多以外，还与孩子本身的植物神经发育有关。孩子身体还在生长发育中，植物神经调节还不完善，所以有时在不是很热的时候，也会出很多汗，这些都是发育过程中正常的现象，只要吃、喝、睡、生长没有异常，家长就不必纠结孩子出汗的问题，家长要做的是在孩子出汗后适度给孩子补充水分，注意不要着凉，随着孩子神经系统的发育成熟，这种现象就会逐渐好转。

小　结

　　发热是儿童最常见的疾病症状。发热不是疾病，而是症状。出现发热，在有效控制体温的前提下，去医院就诊。千万不要带着正在高热的孩子等候就诊，以防热性惊厥的出现。记录发热度数及时间，使医生尽可能全面了解此次疾病过程。

　　发热本身增加人体代谢，使人感到疲惫；高热有可能导致6岁以下孩子出现热性惊厥，特别是有热性惊厥家族史的儿童。高热本身不会烧坏肺、大脑等重要脏器。为了避免热性惊厥的出现，体温超过38.5℃时应该给孩子服用退热药物，同时加用物理降温。由于退热药在体内起作用需要一定时间，所以建议体温超过38.5℃，给孩子服用。这样当体温达到39℃左右时，药物开始起作用。

　　家长对如何降温更关注一些。概括来说，体温没有超过38.5℃，可以在多喝水、奶等液体的基础上，采用温湿敷或温水浴。酒精擦浴不是家庭退热的简易方法。体温超过38.5℃，可以服用退热药物。"对乙酰氨基酚"和"布洛芬"可交替使用。太多家长认为体温越高越应静脉输液，其实，静脉输液不是退热的办法。

　　发热又常是上呼吸道感染的前期表现，退热和发热 1 ～ 2 天后，会出现其他表现，比如咳嗽、流鼻涕、鼻塞等。这些症状的出现并不意味着病情正在加重。病毒侵犯呼吸道初期，全身反应是通过发热动用人体免疫系统；但是毕竟病毒侵犯了呼吸道，就会有呼吸道分泌增多的现象。此时，使用一些对症药物即可。

图书在版编目（CIP）数据

崔玉涛图解家庭育儿：口袋版 / 崔玉涛 著 . —北京：东方出版社，2018.11
ISBN 978-7-5207-0583-7

Ⅰ.①崔… Ⅱ.①崔… Ⅲ.①婴幼儿—哺育—图解 Ⅳ.① TS976.31-64

中国版本图书馆 CIP 数据核字（2018）第 211264 号

崔玉涛图解家庭育儿：口袋版
（CUIYUTAO TUJIE JIATING YU'ER: KOUDAIBAN）

作　　者：崔玉涛
策 划 人：刘雯娜
责任编辑：郝　苗　杜晓花
出　　版：东方出版社
印　　刷：小森印刷（北京）有限公司
版　　次：2018 年 11 月第 1 版
印　　次：2018 年 11 月第 1 次印刷
开　　本：889 毫米 ×1194 毫米　1/40
印　　张：42.5
字　　数：1279 千字
书　　号：ISBN 978-7-5207-0583-7
定　　价：268.00 元（共十册）
发行电话：（010）85800864　13681068662
